U0312709

我的森林笔记

春夏秋冬，天天与大自然亲近的文字，
致敬经典《森林报》

春天 第一只蝴蝶

刘保法/著

山东教育出版社

图书在版编目（CIP）数据

春天第一只蝴蝶 / 刘保法著. —济南 ：山东教育出版社，2017（2020.11 重印）

（我的森林笔记）

ISBN 978-7-5328-9773-5

Ⅰ.①春… Ⅱ.①刘… Ⅲ.①森林—普及读物 Ⅳ.①S7-49

中国版本图书馆CIP数据核字（2017）第120782号

春天第一只蝴蝶

著　　者　刘保法
总 策 划　上海采芹人文化
选题统筹　王慧敏　魏舒婷
责任编辑　王　慧
特约编辑　魏舒婷　顾秋香
摄　　影　刘保法
绘　　画　夏　树
装帧设计　采芹人插画·装帧　王　佳　李　旖
http//blog.sina.com.cn/cqr2666
主　　管　山东出版传媒股份有限公司
出版发行　山东教育出版社
（山东省济南市纬一路 321 号　邮编 250001）
电　　话　（0531）82092664
传　　真　（0531）82092625
网　　址　sjs.com.cn
印　　刷　保定市铭泰达印刷有限公司
版　　次　2017 年 7 月第 1 版　2020 年 11 月第 2 次印刷
规　　格　710 mm × 1000 mm　16 开本
印　　张　8.5
印　　数　15 001–30 000
字　　数　100 千字
书　　号　ISBN 978-7-5328-9773-5
定　　价　20.00 元

（如印装质量有问题，请与印刷厂联系调换，电话：0312-3224433）

买了一个森林（代前言）

朋友问我，你现在住哪儿？我说住在一个森林里。朋友说，别开玩笑，市中心哪来的森林？我说我确实拥有一个森林，房子不算大，也不算豪华，但所处的森林却很大。

许多人都知道，我买房最看重的就是绿化。寻寻觅觅好几年没有如愿，都是因为绿化不行，抑或路途太远……最后终于在闹中取静的市中心，看中了这套居所。说来还真有点儿自豪，这套居所正好面对一片景观森林。鬼使神差，后来这片景观森林前面的两幢计划中的高楼，突然停建，又改建成了一片景观森林。于是我福运高照，拥有了两片景观森林合并一处的莽莽绿地。住在这套居所里，推窗便见绿，视野开阔；出门走进森林，一路郁郁葱葱，是不是等于住在一片森林里呢？

一个挥之不去的森林情结，就这么引导我下决心买下这套房。我买这套房，看中的就是这片森林。与其说买了一套房子，不如说买了一片森林。

我的森林情结，源于童年的秘密花园——一片独享的小树林。

关于那个秘密花园，我已经写过许多文章。在那里，我种桃树，种李树，种葡萄，和大自然分享成长的秘密；我捉鱼虾，逮鸟儿，挖城堡，给我的贫穷童年带来了精神上的富足；我在我的“树上阅览室”读书，我钻

进草丛倾听昆虫唱歌……它是我的童年乐园、幻想之地，它使我的心灵生活充满乐趣和梦幻，即使在黑夜里也能闪现温馨的亮光。

一个人如果在童年拥有一片“自己的森林”，那么这片森林一定会枝繁叶茂地活在他的记忆里，净化灵魂，丰富情致，使他变得优雅，变得有情、有趣、有爱心。

记得进城没多久，我就为母亲在老家的老屋门前开辟了一个花园。我到处寻觅树苗，在花园里种上了樟树、棕榈树、葡萄、冬青和月季花、蔷薇花等。每次带着女儿回老家，跟母亲坐在花园里聊天，那是我最幸福的时光。

我每搬一次家，都要跟旧楼院子里的树木，举行告别仪式；而在新居的院子里，我会重新寻找一个适合种树的地方。记得有次我从广州带回来一些鸡蛋果，吃了鸡蛋果后，把果核种在楼下院子里，第二年还真长出了幼苗。可是物业工人不识鸡蛋果，把它们当作杂草锄掉，让我可惜了好一阵。而我跟女儿共同栽种的那棵枇杷树，倒是顺利长大，粗壮茂盛。女儿还将一只死去的大山龟埋葬在树下。过了几年，枇杷树竟然结满了黄澄澄的果实。物业工人喜出望外，马上挂出牌子：不许采摘，违者罚款。女儿抱怨，我们种的枇杷树，怎么变成他们的了？我说，又不是私家花园，怎么说得清？不过看着有人喜欢，你心里肯定也很开心，对吧？这就够了，这就是枇杷树给你的回报！女儿不再抱怨，每次进进出出从树旁走过，跟人们共享着黄澄澄的枇杷果带来的快乐！

几十年来，我养成了一个习惯：每到一个地方，总要想方设法寻找那里的古树。我相信，有古树的地方必定有故事。我把它们拍摄下来，收藏在相册里，不知不觉已经累积了厚厚一大本。我取名《我的树兄树弟》，还写下了对它们的深情赞美……

一个对大自然、对森林充满敬畏、充满爱的人，上帝总会赐予他一些什么。于是，在我即将退休的时刻，幸运地买到了这片森林。有些事情真的很难说清，童年拥有一片小树林，退休后又拥有一片森林，好像冥冥之中注定了似的，让我找回我的秘密花园，回到童年，再次享受童年的乐趣。每每想到这些，我就会流泪。我不能不珍惜这种赐予。我几乎每天都要去森林，看望我的树兄树弟，除了出差在外（而出差回来的第一件事，便是去森林看看）。有时我几乎一天要去几次。我跟它们亲切交谈，询问它们生活得怎样，有没有困难。我拍拍它们的肩，摸摸它们的脸，倾听它们唱歌、呻吟和叹息。我经常写《森林笔记》，观察它们的生长情况，把每一个细小变化、每一个有趣故事都记录下来。我已经完全融入了森林，感觉自己也已经成为其中一棵树……我知道哪几棵树有枝叶枯萎了，哪几棵树被风吹倒了；我知道哪根枝条适合哪种姿势，哪棵树需要修剪……我即使闭上眼睛，也能说出树兄树弟们的模样和所在的位置，我对我这片森林的家底，真可以说是了如指掌：

桂花树一百棵、松柏树两百棵、樟树七十棵、银杏七十棵、榉树二十四棵、含笑五十棵、白玉兰十五棵、广玉兰十五棵、红叶李二十棵、月桂三十棵、樱花十棵、茶花八十棵、垂丝海棠十五棵、紫薇八棵、红枫十棵、青枫五棵、铁树六棵、结香五棵、紫荆六棵、柳树两棵、合欢两棵、杨梅十棵、梅树五棵、梨树两棵、橘子树两棵、鹅掌楸五棵、雪松三棵……还有竹林七片、大草坪一片，还有自然生长的桑树、枇杷、女贞……还有杜鹃、天竺、迎春、茶梅、海桐、龙柏、石楠、黄馨、栀子花、金叶女贞、红花金毛、八角金盘、瓜子黄杨、阔叶十大功劳、洒金东瀛珊瑚、冬青等灌木花丛，不计其数。还有草本花卉、野花野草，数不胜数……

我想大家应该理解我的心意，我之所以不厌其烦地写出它们的名字，就是想让它们知道，无论何时，我都没有忘记它们！

我一直认为，树木是有灵魂的。法国历史学家米什莱在《大自然的诗》里说：树木呻吟、叹息、哭泣，宛如人声……树木，即使完好无损，也会呻吟和悲叹。大家以为是风声，其实往往也是植物灵魂的梦幻……澳洲土著告诉我们，树木花草喜欢唱歌，它们日夜唱歌供养我们，可惜（高傲的）人类有耳不闻……贾平凹在《祭父》一文中写道：院子里有棵父亲栽的梨树，年年果实累累，唯独父亲去世那年，竟独独一个梨子在树顶……这就对了，树木的喜怒哀乐，树木的仁心爱心，跟人是一样的。所以说，人追求诗意居住的最高境界，不仅是美化环境，更应是自己的灵魂与森林的相互融合。达到了这个境界，人在森林里便是超然的。人无法成为永恒，但人的灵魂却因为森林而能成为永恒。这时，哪怕只是一棵树，在你的眼里，也是一片森林。人有了这样的森林，心灵就不会荒芜！

目录

三 月

四 月

五 月

春天悄悄地来了

白玉兰和早樱的花瓣铺满地面、迎春花泛黄的时候，我知道，春天即将大驾光临。

连着好几天，我的心里好像总有一个声音催促着：树木已经爆新芽，湖水已经开冻，鸟儿已经拼命鸣叫，还有什么比这更有意思的事呢？赶快沿着湖水，到森林里去探春吧！

我就这么背着相机，来到了坐落在上海东北角黄浦江畔的森林公园。

之所以选择森林公园作为我的另一个野外观察基地，是因为森林公园要比我家楼下那片森林大很多很多。它不仅园林幽深、古树葱茏，而且还有一个很大的盈湖和无数的小溪。如果沿着湖水走，可以穿过一片又一片参天树林、跨过一条又一条潺潺小溪，那种野趣，那种奇异，才称得上真正的森林的味道！

静静地走进森林，让自己化为森林的一部分，用心体会森林里的一切，你的眼前便会出现一幅又一幅别人看不到的美景。

小溪脱掉了棉袄

早春的天气还是有点冷。我迎着冷风，径直向盈湖边的第一条小溪走去，因为两个月前来这里的时候，小溪还睡在冰冻里，没有一点生气。我想看看小溪迎春是一种什么样子。

还没走近小溪，就已听到水声；一到溪岸边，我就看到——小溪已经脱掉棉袄，浑身轻松，手舞足蹈地向着下游的盈湖欢快奔跑。

小溪解脱了自己，也感染了别人。它向小草问早，小草绿了；它向野花鞠躬，野花笑了；它跟石头握手，石头暖了；它跟树根亲吻，树根醉了……几只小鸭，骑在它背上，来来回回游戏。小鸭伴着它唱歌，它让小鸭痛痛快快喝饱……

小溪已经脱掉棉袄，浑身轻松，手舞足蹈地向着下游的盈湖欢快奔跑。

小溪是这样脱掉棉袄的：先是脱掉棉袄领子，接着脱掉棉袄胸襟，再脱掉棉袄外摆，最后只剩下棉袄的袖口，零零碎碎、残缺不全地遗留在溪岸边，等待着土壤的拥抱……

小溪的棉袄是被它的体温脱掉的。整整一个冬天，它被厚厚的棉袄包裹着，约束着。它感到寂寞了，厌烦了。它等待着。现在终于可以好好轻松一下，自由自在玩一玩了……

哈哈，现在你猜到小溪的棉袄是什么了吗？

早春季节，小溪里的冰已经融化但尚未化尽的时候，就是这个样子。

看着小溪那么轻松快乐，我的心情也格外轻松快乐起来。

小精灵们准备合唱

这个季节，树木刚刚开始爆嫩芽。走在森林里，所有的树木已经略显湿润，流着树汁水。一颗颗嫩嫩的芽苞，像一个个小精灵，探出脑袋，睁开眼睛，好奇地看着这个世界，隐隐约约，闪闪烁烁，让你欣喜不已。

最早爆嫩芽的是枇杷，过两天，冬青也急急忙忙探出脑袋跟枇杷打招呼。这两个小家伙都很性急，模样也差不多，就是颜色不一样：冬青棕色，枇杷乳白。最初，它们都像一个小指头，从叶缝里钻出来；慢慢地朝天伸展，恰似一只可爱的小手；最后，小手的手指慢慢一根根张开、摊平，变成一片片正常的叶子。

最淘气顽皮的嫩叶，是樟树的嫩叶。它们一出生，就吵着叶子妈妈们（老叶子）跳舞。为了哄孩子们高兴，叶子妈妈们就纷纷飘落、

一颗颗嫩嫩的芽苞，像一个个小精灵，探出脑袋，睁开眼睛，好奇地看着这个世界。

起舞。飘呀，飘呀，一阵阵地飘落，一阵阵地起舞，很快就铺满地面，害得清洁工不停地清扫。

最滑稽好笑的嫩芽，是鸡爪槭和桑树的嫩芽。桑树的嫩芽，像一条条卷成小圆球的蚕宝宝，躺在枝头呼呼睡觉。鸡爪槭的嫩芽，顾名思义，真的很像一只只红公鸡的鸡爪，泛着红色，在空中张牙舞爪。

最神秘淡定的嫩芽，应该算榉树的嫩芽了。它们细细密密，毫无声息地在空中染上淡绿色，待到人们发现，早已蓬蓬勃勃绿满枝头。

最轰轰烈烈、最有气势的嫩芽，应该算八角金盘的嫩芽。它们像一团团黄褐色球，从八角金盘的中心处冲出来。很快地，圆球长成黄褐色手臂；很快地，手臂张开，变成一只只卷曲的佛手，就像千手观音在舞蹈；很快地，佛手倒垂，变成一把把蒲扇；最后，蒲扇挺直，长成硕大的八角叶子。

还有最爱臭美的石楠的嫩芽，最优雅端庄的桂花树的嫩芽，最文静大方的金叶女贞的嫩芽，先开花后长嫩芽的结香、梅树、白玉兰……

每一个孩子，都有各自不同的模样和性格；每一片嫩芽，也有各自不同的模样和性格。正因为模样不同、性格不同，世界才如此生动奇妙！

你看看眼前的这些嫩芽小精灵，可爱得忍不住想伸手抚摸它们。

它们把你团团围住，冲你眨眼，在你身后做鬼脸。它们或从空中降落，翩翩起舞；或在枝头排队，准备唱歌……

好好地看看它们吧，跟它们握握手，说说话，树木长嫩芽只是一瞬间的事情……

树与湖相爱

森林和水常常是相互依存的：没有水，森林会干枯；没有森林，水便缺少了灵气。

森林公园盈湖边种得最多的是杨树。屈指算来，这些杨树少说也已经长了五六十年了吧，每一棵都是那么粗壮高大、气势磅礴、姿态优美，成了一棵棵老杨树。老杨树是喝着湖水长成老杨树的，日久生情，它们已经离不开湖了，已经深深地爱上了湖！

沿着盈湖边走，我不时地会看到树与湖恋恋不舍、深深相爱的模样：

有的杨树故意将自己浓密的枝叶垂入湖面，给湖带来了阴凉；

有的杨树不断地向湖倾斜、倾斜、倾斜，那是树与湖的拥抱；

有的杨树几乎跑到了水中，躺在湖里生长，树与湖融为一体；

在小溪边的一些杨树，干脆就横卧在小溪上，从小溪这头长到小溪那头，变成了一座活着的“树桥”……

真是一个不可思议的奇观，湖边所有的杨树，几乎全都朝着湖的方向生长！

于是，湖里有老杨树优美的影子，影影绰绰，有点梦幻；

树与湖深深相爱，拥抱在一起！

于是，湖面飘荡着草绿色的杨花，湖水变成了草绿色，湖也变成了花湖；

于是，常有小松鼠、小老鼠、小甲虫、小蚂蚁和野兔之类的小动物，快快乐乐从老杨树制造的“树桥”上走过……

树与湖开心得不得了，它们绝没有想到，自己的恋爱，竟然还给小动物们带来了方便。

我也开心得不得了，树与湖的相爱，竟然天造地设地成全了我许多绝美的摄影作品！

我实在舍不得离开这里，真的。因为在这个早春季节里，相爱的树与湖，会给你带来一种水乳交融的赏心悦目。老杨树是草绿色的，湖水是草绿色的，连天空也是草绿色的，是真正的水天一色。

我沉浸在草绿色中，被草绿色罩住，我也变成了草绿色！

看麻雀洗澡

巧了，当我在一条小溪和盈湖的交叉口准备拐进僻静处时，又看到了一棵横卧在小溪上作为“树桥”的老杨树。更巧的是，“树桥”上居然还聚集了一群叽叽喳喳嬉闹的麻雀。我停住了脚步，出神地看着这些麻雀。

突然，有几只麻雀从“树桥”上飞下来，扑向水面，用翅膀拍打水面，溅起一阵小水花。然后，它们又飞回“树桥”，抖落身上的水，用小嘴巴慢条斯理地梳理羽毛。

又有几只麻雀飞下来，用翅膀拍打水面，溅起一阵小水花；然后也飞回“树桥”，抖落身上的水，用小嘴巴慢条斯理地梳理羽毛。

又有几只麻雀，扑向水面，飞回“树桥”……

这群麻雀，就这么轮换着扑向水面，飞回“树桥”；扑向水面，飞回“树桥”……

我突然明白——它们这是在洗澡啊！俗话说“麻雀洗澡，春天来到”，它们要换春装了！

这时，所有的麻雀都已经痛痛快快地洗过一遍，然后在“树桥”上排成一行晒太阳，转动着小眼睛，不屑地看我，似乎在嘲笑我：“瞧你那身灰不溜秋的老棉袄，也该换上春装了……”

“树桥”上聚集了一群叽叽喳喳嬉闹的麻雀。

二月兰是个绘画大师

穿过一片湿地，沿着松树林走大约几百米，赫然看到前面有一个高低起伏的山坡。山坡上是一个很大的榉树林，榉树林里升腾起一股紫气。那紫气随着高低起伏的山坡不断蔓延，层层叠叠，气势磅礴，直冲云霄，整个树林都好像变成紫色的了。

飞跑过去仔细一看，才知道树林里种满了二月兰，是二月兰盛开怒放的紫花，形成了气势磅礴、摄人心魄的奇观。

二月兰是一种常见的野花，每年早春季节开花，花朵不大，紫白相间。如果只是一棵，它并不显眼，如果种一大片，就会形成气势，夺人眼球。如果再以二月兰点缀屋前屋后、湖畔篱下、山

二月兰真是高超的绘画大师！

头土堆和路边石旁，那么这幅气势磅礴的画卷就又有了灵气，有了意境……

想起十几年前，我曾应邀参加了森林公园的一个活动，在森林公园住了几天。活动结束时，园长请我们留下意见。我说，森林公园很有森林的味道，如果在森林里多种野花，会让森林更有野趣。对于一个都市人来说，喜欢的，苦苦寻觅的，就是这份野趣……没想到梦想成真，如今的森林公园，角角落落，到处都是野花。更没想到，这些野花竟以二月兰唱主角。

在以后的时间里，我走到哪里，总能看到开着紫花的二月兰——时而林间一大片，时而溪旁几小朵；路东二月兰淋漓尽致，路西油菜花盛开怒放；石头边，枯树旁，紫色夹杂着绿蓝红黄，星星点点……让我沉浸在浓浓的野趣和意境里。

我不能不感叹：二月兰真是森林里一位高明的绘画大师！

独自表演

跟二月兰一样，通常情况下迎春花也是一丛一丛地黄，黄得艳丽壮观，黄得眼花缭乱。

像这样孤单单一棵迎春花，独自矗立在台阶边，我还是第一次看到。但她很远就吸引了我。如果说迎春花和二月兰、油菜花都是以多取胜、以气势为美丽的话，那么这棵孤单的迎春花，却让我看到了一种不一样的美丽！

我几乎是奔跑着来到她面前，目不转睛地欣赏她。只见她那细

一棵独自表演的迎春花，舞姿曼妙！

细的枝条，柔情地向上伸展；伸展至上端，慢慢向两边垂下，那种整齐曼妙的姿势，让我想到了宫廷里跳舞的美女……

我不知道，她为什么要脱离自己的姐妹，独自矗立在这里？但我很快就想明白——她不甘心被群花埋没，于是，走出窗外，尽情地独自表演……

一只松鼠读我写的诗

我走累了，在一个老树墩上坐下来休息。

忽然看到左手边又有一个老树墩。老树墩已经枯朽，只剩下一层皮，中间形成一个偌大的树洞。而最早在我眼角一闪的，正是树洞里的那棵野草，嫩嫩绿绿，轻轻扇动叶片。哈，这小家伙真会找地方！她居然从一个老树洞里长出来，独居一处，就像一个小公主，生活在受到严密保护的城堡里，享受着至高无上的特殊待遇。而四周的二月兰、葱兰和黄鹌菜等野花野草，都是她的侍女，点头哈腰地簇拥着她，向她献殷勤。就连太阳也毫不吝啬地用光芒温暖她。于是，树洞暖暖的，“小公主”得意扬扬。周遭的一切也都得到了温暖，就成长起来，就活跃起来，就灵动起来。你看，仅仅在阳光照亮的那个光点上，我就看到有一只蜜蜂、两只蝴蝶、三棵二月兰、四棵黄鹌菜和五六只小蚂蚁，在互相打招呼，交头接耳说着悄悄话……

老树洞里的一棵野草，就这么演绎了一篇童话，也可以说是一首诗呀！它触动了我内心最柔软的东西，让我一阵窃喜，为森林里无处不在的诗意和童趣窃喜！

我忍不住掏出小本子和笔，写起诗来。

很快，《春天悄悄地来了》诞生了。我挺胸昂头，轻轻地，深情地朗诵起来：

春天从石头旁走过，
春天从鸟鸣里降落，
春天从竹篱下探头，
春天从树洞里冒出……

春天在栅栏上跑步，
春天在草地上跳舞，
春天在小溪里漂流，
春天在暖阳里唱歌……

春天，就这么悄悄地来了。
我在森林里散步，
春天把我围住，
在我眼角闪烁，
在我耳边欢呼。
我跟春天握手，

春天欢天喜地，

在我心里安家落户！

忽地从空中掉下来一个果壳，恰巧砸在我的小本子上。我抬头一看，竟是一只松鼠！

在我抬头的一刹那，受惊吓的松鼠嗖的一下蹿上树梢，然后趴在树杈上，骨碌碌转动着眼睛看我。我猜不透它是什么意思，但我更愿意它是因为喜欢我的诗，想读我写的诗，才砸下这颗果壳的。我很想跟它说些什么，又怕惊动了它。我就故意不看它，继续深情地朗诵我的诗。隔了一会儿，它试探着又丢了一颗果壳，我假装不理睬它；它又丢了一颗，我依旧不理睬它……随后，我似乎感觉到，它正慢慢地从树枝的高处爬下来，小心翼翼地从一根树枝跳到另一根树枝，靠近我，靠近我……最后，这个小傻瓜，竟然就趴在离我背后最近的一个枝丫上，津津有味地看我写的诗，听我朗诵诗……

这大概就是我今天在森林公园看到的最后一幕吧，精彩的最后一幕！

大自然本身就是一首诗，生活其中的松鼠们喜爱诗，也就不足为奇！

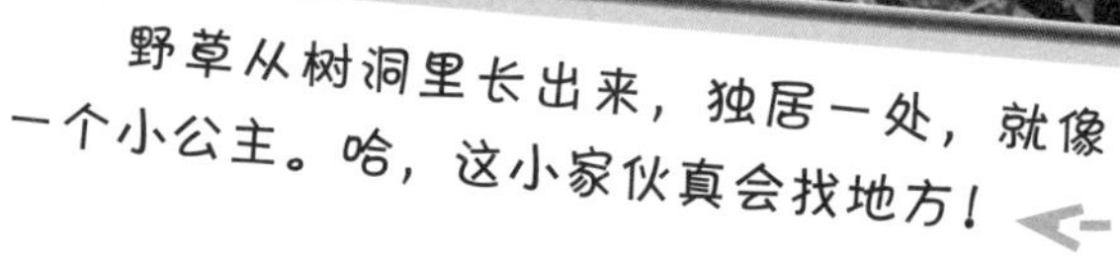

野草从树洞里长出来，独居一处，就像一个小公主。哈，这小家伙真会找地方！

三月

春天第一只蝴蝶

那天我醒得很早；并不是自然醒，而是被窗外森林里的鸟儿们唤醒的。

大约是清晨五点钟光景吧，我还在梦里，忽然窗外传来一声粗犷嘶哑的乌鸦叫声：“哇——哇哇！”于是我醒了。我正猜测着这只乌鸦的方位，它究竟是在窗西边的大樟树上呢，还是在窗东边的杨梅树上？只听得远处又传来画眉鸟明亮悦耳的鸣叫：“叽，叽叽，喳喳——”紧接着，斑鸠也叫起来了：“咕嘟咕，咕咕嘟咕……”这时候，整个森林都热闹起来，越来越多的鸟叫声纷纷响应，有的激情响亮，有的轻声细语，有的柔情似水……千百只鸟儿发出的各种各样的叫声，此起彼伏，遥相呼应，开始了一场鸟儿们的音乐会。阳春三月，是鸟儿们恋爱的季节，它们养精蓄锐度过了一个冬天，如今褪下冬衣，换上光鲜亮丽的羽毛，纷纷从树洞、树枝、草丛、大地、屋顶、墙缝里跑出来，开开心心地恋爱了。

我精神振奋地躺在床上，仔细地聆听着这场音乐会……很久很久，一直到布谷鸟“布谷，布谷”催促人们早起的叫声加入进来，我才猛然醒悟：春天来了，我真的该早点起床了！

我要抓紧时间梳洗，抓紧时间吃饭，然后赶到森林里，探望我的那些树兄树弟、小花小草，看看它们在春天刚刚来临的时刻，有些什么变化？看看鸟儿们在刚刚来临的春天里，会传播什么样的新鲜信息？……

我是在梅花丛中发现这只蝴蝶的。

那时，太阳已经升得很高，森林里暖洋洋的，气温高达 28 度，光线的穿透力非常强。我径直向那几棵梅树走去，因为现在是梅花的盛开期，我最初的想法是要为那些盛开的梅花留下倩影。我端起相机，在梅花丛中寻找着最佳角度，没想到，这只蝴蝶竟飘飘悠悠地闯进了我的镜头。

蝴蝶闹春啦！它急急忙忙破茧而出，停在一朵梅花上一动不动，摆好姿势让我拍。

奇怪呀奇怪，一般情况下，蝴蝶要到四月中旬才出现，而现在才三月四日，尚未进入“惊蛰”节气，它为什么就禁不住梅花气味的诱惑，急急忙忙从丑陋的蛹壳里挣扎出来，在森林里、在梅花丛中闹春呢？

这是一个很离奇的问题，也是一个不难回答的问题，因为森林里的一草一木都在抢着回答这个问题。你只要到森林里走一走，仔细观察一下那些树兄树弟、小花小草们的表情和变化，就会发现，整个森林都在争先恐后地爆绽嫩芽和花苞；每一个嫩芽和花苞都像一只睁开的眼睛；你在森林里行走，就好像有密密麻麻的眼睛看着你。你被密密麻麻的眼睛包围了，心胸不由得就会激荡起来。我做过记录：最早爆出嫩芽的好像是桂花树、石楠、金叶女贞、瓜子黄杨和冬青等。接着，香樟、榉树和枇杷等，也开始爆绽嫩芽。没几天，无患子、银杏、水杉和木槿等也紧紧跟上了，真的是你方唱罢我登场，好像是大自然一声令下，大家突然都醒了，睁开眼睛迎接一个最辉煌的季节的大驾光临。三月里开得最旺的花朵是红的梅花和白的梨花，还有玉兰、迎春和垂丝海棠，而最引人注目的应该算石楠。石楠的新叶呈猩红色，红得透明，就像红艳艳的花朵！石楠早在冬末二月初就急不可待地冒出新芽了，在这春寒料峭的两个多月里，它一枝独秀，一直可以红到四月底。真的是：

二月石楠急着嫁，梳妆打扮爆新芽。满头新芽红艳艳，赛过蔷薇月季花……

森林里所有的生命迹象，就这么在三月的春阳里，努力地脉动着，萌发着，整个森林都在跃跃欲试。在这样一个万物复苏、一片生机的季节里，一只寂寞了一个冬天的蝴蝶，能挡得住这份诱惑吗？它要急急忙忙地破茧而出，应该是情理之中的事情。

我为这只蝴蝶的出现欣喜若狂。

我把照相机镜头对准蝴蝶，决定拍一张《蝴蝶闹春》的照片。

这只蝴蝶倒也配合，停在一朵梅花上一动不动，摆好姿势让我拍。“咔嚓！咔嚓！”好像角度还不够理想。我拼命踮起脚尖，又是“咔嚓！咔嚓！”，现在满意了。我伸出手去赶它，希望它换个地方，换种姿势。蝴蝶似乎懂我的意思，在几棵梅树之间飞来飞去，最后又在我眼前一根更低的枝条上停了下来。我心中大喜，兴奋得不得了，因为梅花和蝴蝶近在眼前，我无需踮起脚尖，可以轻轻松松拍摄了！“咔嚓！咔嚓！”我又拍了几张，满意地看了看取景框，说：“不错，哥们，现在你可以飞走了。”可它深情地看着我，根本就没有飞走的意思。为了不辜负它的一片诚意，我不得不又拍了几张……

这真是一只热情、单纯、有趣而懂得情义的蝴蝶！

我真的应该感谢这只蝴蝶，它是够朋友的，它让我幸运地看到了今年春天第一只蝴蝶，更让我幸运地拍到了几张满意的《蝴蝶闹春》。我对蝴蝶又是鞠躬又是道谢：“谢谢，真的谢谢你！明天我还会来看你，我一定会在这里等你……”然后，恋恋不舍地离开了。

可是，令人沮丧的事情却发生了。

第二天早晨突然降温，气温一下子从28度“大跳水”降到7度，足足降了21度！完了，这下完了！昨天那只蝴蝶看来是完了！面临突然降温的“倒春寒”，大部分树木还是能挺住的，唯有那些早开的娇嫩的樱花、玉兰和那只过早破茧的蝴蝶，恐怕难逃厄运！

顾不及吃早饭，我就开门直奔森林。森林里回荡着刺骨的寒气，

寒风呼呼地刮着，昨天飞来飞去不停唱歌的鸟儿们，重新躲进了树洞、树枝、草丛、大地、屋顶和墙缝里，只有零星几只麻雀飞来飞去觅食。跑过白玉兰，白玉兰的花瓣被一夜寒风打杀得残破不堪；跑过樱花树，樱花的花瓣也飘落一地……我急急忙忙跑到那几棵梅树面前，看呀，找呀，找呀，看呀，红艳艳的梅花在寒风里依然艳丽，但那只蝴蝶却不见踪影。我明知蝴蝶飞来飞去，不可能在那棵梅树上等；我明知娇嫩的蝴蝶，经受不住如此“爆冷”的摧残；我预感这只蝴蝶可能熬不过骤冷的初春之夜，已经遇难……但我还是要心有不甘地找一找。我在树上树下到处寻找，找到的只是失望，失望，失望……

可它深情地看着我，根本就没有飞走的意思。

我一屁股坐在地上，差点哭了。

我在地上坐了很久很久，当我悻悻然回到家里的时候，只听见隔壁阿婆正在教训孙女莎莎：“你看，我没说错吧？这种季节怎么能穿裙子出风头呢？这种季节应该‘春捂’，懂吗？如果不听老人言，是会吃苦在眼前的……”

昨天早晨吵着要穿裙子上学的莎莎，这会儿一声不吭，看来是确实懂了“春捂”的道理。

春风，请到我窗口坐坐

春风，请到我窗口坐坐。
知道我一直在想你吗？
骄阳似火的时候想你，
寒风刺骨的时候想你，
想了那么久，就等你回到这里。
太阳提醒我，你就要来了；
燕子告诉我，你已在路上。
我的心，开始激荡；
激荡的心，跳上窗台痴痴盼望。

春风啊，请到我窗口坐坐！
窗外的种子，已经钻出泥土绽开叶芽，
就等你来孕育花朵；
广袤的大地，已经舒展身体从梦中醒来，
就等你来为他们梳妆打扮涂上颜色；
池塘里的鱼儿又蹦又跳，
就等你来跟他们一起唱歌舞蹈；

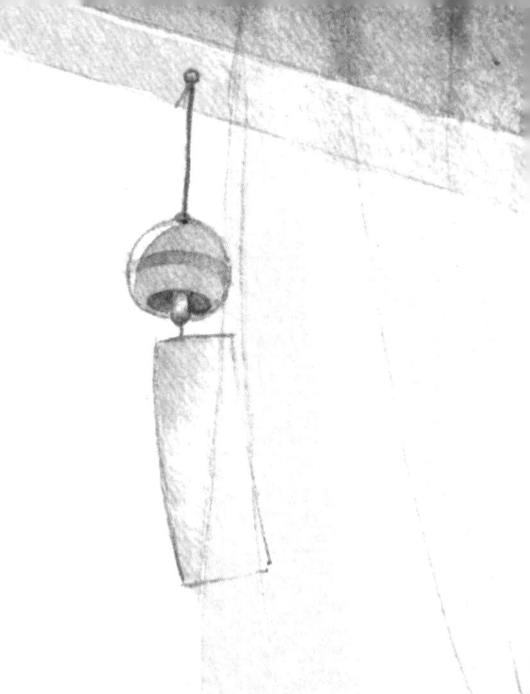

光秃秃的树枝睁开了密密麻麻的眼睛，
就想看看，今年的春色有多么美妙……

亲爱的春风，来吧，
快到我窗口坐坐吧！
我的窗户已经为你打开，
冬的积尘已经彻底除尽，
我早已做好一切准备，
甚至还想到了你喜爱的风铃——
我将去年的紫风铃洗了又洗，
然后挂在窗口，
就等你大驾光临，唱出春天的声音……

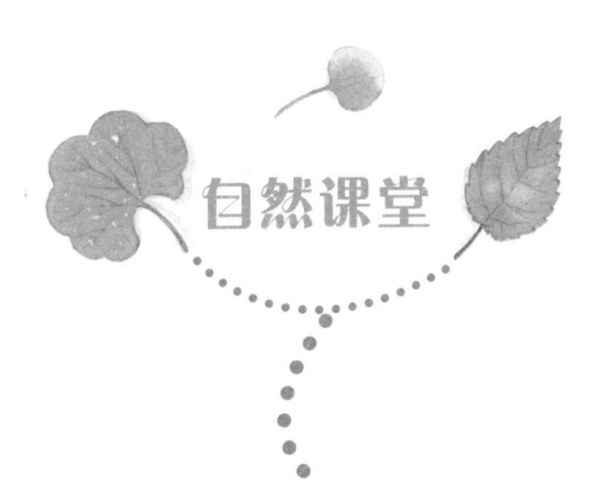

春天落叶的树

人们常说秋风扫落叶，可是为什么春天也有树叶飘落呢？是的，只要你注意一下，确实会发现有些常绿的树在春天落叶。尤其是香樟树，它的叶子整个冬天都是绿的，不会脱落。到了春天，随着气温上升，它的新陈代谢逐渐旺盛，长出了新叶子，老叶的寿命也就随之终结。香樟树的老叶脱落和新叶生长是同步进行的，树枝没有光秃秃的过程，所以我们看到香樟树一直绿油油的。而此时，只要风一吹，那些完成使命的老叶就会哗哗有声地飘落。

寒流来袭下的植物

一波一波的寒流接连来报到，不会跑不会跳的植物怎么办呢？其实自然界的大部分花花草草，对突然来袭的寒流，都有各自的应对能力：

许多阔叶树木会以落叶的方式，来抵御寒流；

叶片细小的针叶树，则以降低新陈代谢、增厚叶肉组织等方法过冬；

有些小灌木和草本植物，即使在白雪的覆盖下，也有坚韧的生命力；

有些植物的地上部分可能完全被损伤，但地下部分或残存的茎枝，往往能够新生。

春蝶先锋部队

灰蝶是蝴蝶家族中体型最娇小的一群，其中尖灰蝶只在早春时期出现，可以说是春神的先锋部队呢！尖灰蝶美丽但不常见。它们寄生在合欢树上，二月下旬开始慢慢出现，而这时，刚好是合欢树猛抽新芽的时候，于是尖灰蝶也就有了鲜嫩的食物。尖灰蝶长大后，就会爬到地面的杂物和石头缝里化蛹，度过漫长的夏天、秋天和冬天，直到第二年春天才开始新的生命循环。

蝴蝶为什么这样美丽

最主要的是蝴蝶的翅膀上有神奇的鳞片。这些鳞片，有的本身具有色彩，有的会因为阳光折射的角度不同，折射出不同的艳丽光泽。

蝴蝶的美丽，还能警告敌人：“我有毒，你别来吃我！”比如，枯叶蝶在枝叶上休息时，翅膀合起来像枯叶，一旦敌人靠近，就把翅膀整个张开，呈现背面鲜艳的颜色，吓退敌人。

蝴蝶经常在花丛中采蜜，有一个像花一样美丽的外表，就可以隐蔽自己，躲避敌人的攻击。如此一来，它就可以安安心心地享受食物的美味啦。

小蜗牛的春天

春天来了，大象老师要大家去野外走走，看看春天，还可以比一比谁看到的春天最美丽。

同学们欢呼起来，有的说要去爬山，有的说要去划船……只有小蜗牛闷闷不乐。你想想，小蜗牛爬得那么慢，怎么跟得上大家呢？别人已经跑好几里路了，也许他才刚刚爬出家门口……

小蜈蚣同情地说：“我是一列蜈蚣小火车，你就坐在我身上，让我背着你去春游吧。”

“不行不行，”小蜗牛摇着头说，“你背着我，还有心思看风景吗？”

小松鼠说：“那么你就抓住我的尾巴，让我的尾巴带着你去春游吧。”

小蜗牛苦笑着说：“这更不行了。我在你的尾巴上一荡一荡，就像荡秋千，我会害怕的。”

回到家里，小蜗牛一直闷闷不乐，担心明天看到的春天，肯定不如别人的美丽……蜗牛妈妈劝他：“开心点，孩子。明天我会让你看到最美丽的春天！”

“真的吗？”小蜗牛脸上露出了一点点笑容，但那一点点笑容很快就消失了，“可妈妈您自己也爬得不快呀……”

蜗牛妈妈没再多说，只是神秘地笑笑……

小蜗牛猜不透了，心里痒痒的，一整夜都在想这个问题：妈妈会有什么好办法，让自己看到最美丽的春天呢？第二天天还没亮透，他就拉着妈妈的手出发了。

爬呀爬呀，母子俩刚爬出家门口，就看到门外土丘里爬出来许多蚂蚁，一个挤一个，黑压压一群。蜗牛妈妈想了想说：“天暖了，大地醒了，蚂蚁们也要开始工作了。好吧，现在就让我们把耳朵贴在土丘上，看看能听见些什么吧。”

小蜗牛学着妈妈的样子，把耳朵贴在土丘上——“可我没听见什么呀！”

“能听见的，孩子。把眼睛闭起来，露出微笑，静静地听，仔细地听，用心听。”

“哈，听见了，真的听见了！”小蜗牛惊喜地说，“我听见了种子发芽的声音，我听见了竹笋生长的声音，我还听见了蚯蚓拱土的声音和蚂蚁跟小虫子们打招呼问好的声音……”

小蜗牛听着听着，笑容爬满了他的脸。

带着笑容的小蜗牛，又开始跟着妈妈爬行。爬呀爬呀，当他们爬过那个土丘的时候，顿时就惊呆了！土丘那边是一个池塘，只见池塘边已经长满了小花小草，小鼹鼠在草丛里窜来窜去，蝴蝶、蜜蜂在花蕊里甜甜睡着。暖暖的太阳把池塘变成了碎金子，小鱼儿把碎金子吞进嘴里，吐出来；又吞进嘴里，又吐出来……池塘里出现了一串又一串游泳的泡泡，真是太有趣了！更有趣的是，趴在池塘边吹泡泡的小

螃蟹不服气了，他一本正经地说，小鱼儿那是瞎胡闹，他的泡泡才是最正宗的泡泡……哈哈，再看，再看呀，池塘边的那棵大树，也已经发出了嫩嫩的芽苞，母子俩高兴得手舞足蹈。蜗牛妈妈说："美丽的春天，真是悄悄地就来了。现在就让我们把耳朵贴在大树的树干上，看看能听见些什么。"

小蜗牛学着妈妈的样子，把耳朵贴在树干上——"好像没听见什么呀！"

"你应该抱着大树，抱紧点，闭上眼睛，露出微笑，静静地听，仔细地听，用心听。"

"哈，听见了，我听见大树流汁水了！"小蜗牛高兴地喊叫起来，"大树的汁水像泉水一样，叮咚叮咚唱着歌，不停地向树梢流去。妈妈，树汁水为什么向树梢流去呀？"

"大概树梢上有更美丽的风景吧。"

"那我们也到树梢上去看风景吧。"

说着，母子俩真的开始向树梢爬去。爬呀爬呀，他们爬上树梢看

到了什么呢？看到了宽阔的田野，碧绿的麦苗和金黄的油菜花在田野里表演团体操；看到了一座座高山，五颜六色的野花在山坡上昂头歌唱；还看到了湖泊，那湖泊真大，好像跟蓝天连接在一起了！小蜗牛激动得不得了，连泪水也流出来了，他亮开嗓子“啊啊啊”地喊叫。奇怪，山那边也有一个小蜗牛“啊啊啊”地喊叫起来。蜗牛妈妈说：“现在让我们把这些美景拍下来吧！”

“拍照？你有照相机吗？”

“有呀！”蜗牛妈妈笑眯眯地用左手和右手的拇指和食指，搭成了一个长方形的相框，“看，自制的照相机，经久耐用，又环保！”

小蜗牛笑了。他马上学着妈妈的样子，也做了一架照相机。好，现在开拍啦！向上移动，“白云姐姐，你笑一笑呀。咔嚓！”向下移动，“山羊妹妹，你应该在青草地上奔跑呀。咔嚓！”向右移动，“啊，我看到小蜈蚣和小松鼠在爬山呢。咔嚓！”向左移动，“哈，我看到小鸭子和小鹈鹕们在划船呢。咔嚓！”

“咔嚓！咔嚓！”“咔嚓！咔嚓！”……

在嘻嘻哈哈的欢笑声中，一个又一个春天的美景，印在了小蜗牛的心里……

现在，小蜗牛已经是个最快乐的孩子了。他逢人便说：“你知道吗？我家门口也有最美丽的春天呢……”同学们羡慕地看着他，然后也兴致勃勃地跑出教室，有的把耳朵贴在地上，有的抱着大树……连大象老师也半闭着眼睛，笑眯眯地吟出了一首小诗：

只要仔细看 / 只要静心听 / 家门口 / 也有风景……

一篇没有写成的文章

去德国访问归来，一直想写一篇呼唤绿色的文章。道理很简单，因为德国的绿化实在是太棒了！绿化，已经在德国深入人心。

在德国访问的日子里，我们仿佛走进了一座美丽的大花园。那种浑然一体的美，是完全可以信手拈来的。我们每次坐车外出，漫长的路途，与其说是在赶路，不如说也是一种赏心悦目的游览，因为公路两边风景如画。德国高高低低、此起彼伏的地势，本来就是一种变化的美。这种变化的美，经过艺术色彩的涂抹以后，就如油画似的格外绚丽。而这幅绚丽的油画上几乎没有一点杂色，除了庄稼就是森林、草坪和村庄，冷不丁还会冒出一座意味无穷的古城堡。此时此刻坐在车里的我，始终有一种不能把这美景拍下来的遗憾。但每当下车休息，我又显得不知所措，因为无论从哪个角度，随便举起镜头，就能得到一种美妙的构思和画面。这时，摄影技术变得毫无意义。德国的绿化，简直是角角落落、无孔不入。

有一个现象，是我一辈子也不会忘记的。

开始我还一直纳闷，为什么德国人的窗帘都是“半吊子”？什么叫“半吊子”呢？通常上海人的窗帘都喜欢做成落地的，而德国人的窗帘都只遮住玻璃窗的一半，下面一半就这么空着，室外的人可以一览无遗地看到室内。我们疑惑了很久，后来一问才清楚，原来德国人是故意把窗帘做成一半的，这样可以让街上的行人都能欣赏到摆在窗台上的盆景鲜花。有一位女主人告诉我们：“盆景鲜花，不仅是给自己看的，也是给大家看的。窗台上摆盆景鲜花，不仅美丽了家庭，也美丽了整个城市。而美丽的城市，是我们共同的家园……”

这话说得多好。这就是一种意识，一种把保护环境看作是保护自己的意识！

有了这种意识，才会角角落落、想方设法地搞绿化，才会想到让别人一起来欣赏摆在窗台上的盆景鲜花。这时，环保意识自然而然地就变成了一种生活方式——

德国的家家户户，都在窗台上摆着盆景鲜花；

德国家家户户的窗帘，都做成了一半……

在这样的街上行走，我走在一条赏心悦目的美丽花街；离开这样的花街，我离开了一个用心写出来的美丽童话。

于是我想到了上海。

多少年来，绿化的话题一直是上海的一种尴尬。上海的天是灰暗的，上海苏州河的水是黑臭的，上海难见绿色，却有让人心烦的成片成片越来越密集的“钢筋水泥森林”。上海如果有一块空地，是舍不得用来种树的。要不了多久，那里必定被强占——堆放杂物或者搭起歪歪斜斜的违章建筑。上海人并不是不喜欢绿色，只是面对寸土如金又缺乏绿化意识的大上海，显得很无奈。

如果让每一个上海人都来用心写一写在德国花街看到的那种美丽童话，该有多好！

于是我就想到要写这样一篇呼唤绿色的文章，试图敦促上海人都

来谱写《绿色狂想曲》。

然而，我的文章才开了个头，情况就发生了急剧的变化。

上海的市长突然宣布：要把上海建设成一个生态城市，让上海的天更蓝、地更绿、水更清！不久的将来，上海的住户开窗有绿树繁花、散步有幽静的树林景观。上海人走出家门五百米之内就可以看到一块三千平方米的大型公共绿地！大上海将是一个“森林里的城市，城市里的森林”。

一个大规模的城市绿化工程就这么拉开了序幕。

有心人突然发现，成批成批的大树在陆续不断地进城，这是“大树进城”计划。随着成批成批的老房子被拆除，那里一夜之间就变成了郁郁葱葱的森林。上海人已经等不及了，他们等不及小树苗一年年地长大，他们渴望一夜之间就享受绿树成荫。据说这样的“大树进城”要持续三年，共引进胸径十五厘米以上的大树九十万棵。

不久，面积十三公顷的虹桥花园绿地建成了；

不久，面积四公顷的长寿绿地也将建成；

不久，面积六十多公顷的大宁绿地和面积九十公顷的黄兴绿地已经破土开工；

不久，面积八十七公顷的世纪公园和上海市中心最大的延中绿地一期工程也已建成；

不久，报上又刊登了来自徐家汇公园的“绿色决策”，并说上海市郊将建设十二处人造森林……

这个时期，上海人搞绿化简直搞疯了。上海的报纸隔几天就有绿化的消息；上海密集如林的高楼华厦之间，隔几天就会冒出大片大片的绿色……

这个时期到上海旅游，如果不到世纪公园和上海市中心最大的延中绿地去看看，你会后悔的。世纪公园建成后的第一个国际花博会，就每天吸引了二十多万游客观赏；延中大型绿地虽然只完成了一期工程，但盎然绿意已经遮不住。在德国看到的高高低低、此起彼伏的丘陵地势，这里也有了；在德国看到的宽广的森林、草坪，这里也有了。还有青翠的竹林爬满了山坡，高大的树木把林荫小道笼罩出浓浓的诗意。过路行人会情不自禁地放慢脚步，分明已经感受到了密林深处漫溢出来的植物的清香。这时，人们肯定已经感觉到：繁华的大城市已经融进了宽广的自然界。尤其独具匠心的是：从高空俯瞰这块绿地，看到的竟是一把巨大的“吉他”。由森林景观组成的这把巨大的“吉他”，分明奏响了大上海的绿色乐章！

当然，如果你再过一个时期到上海旅游的话，那么，整个上海恐怕早已变成了大森林里的大上海……

上海的“绿化梦幻曲”，就是这样快节奏！

对于童话，上海人要么不写，一写就充满了激情，充满了想象力！

因此我想，面对着意识已经觉醒的上海人，再来呼唤这种意识显然是不适宜的，也是多余的。

我终于没能将这篇文章写成功。

也许，这种不成功恰恰就是我这篇文章最好的结局……

图画书

一个小女孩，坐在青草地上，津津有味地读一本美丽的图画书。

一只蝴蝶飞过来，停在小女孩头上，很久很久不飞走。

一只蜜蜂飞过来，对蝴蝶说：“你也在读图画书吗？你又不识字！”

“我是不识字，”蝴蝶笑了笑，拍拍翅膀说，“但我可以做小女孩的蝴蝶结，让小女孩也变成一本美丽的图画书……”

拔茅针

在乡间河滩的小路边，总是密密麻麻地生长着一种茅草。茅草是野生的，无人种植，无人照料，却生长得蓬蓬勃勃，甚至有点疯狂。一条新开的河浜，往往当年就会长出茅草，第二年就绿满了河滩和河滩边的小路。用什么来解释茅草的这种顽强生命力和生长的积极性呢？我想，兴许就是一种生态平衡吧！茅草需要依附泥土生长，泥土渴望得到茅草保护。于是，无人照料的茅草得到了养分，裸露松软的泥土披上了一层绿色外衣。凡是生命，总有它美好的一面：茅草使河滩边的小路着实美丽了许多。

村里的孩子常喜欢到这种长满茅草的河滩边玩，不仅因为美丽好玩，更主要的是可以在那里拔茅针吃。茅草每逢春天就要长新叶、开花。在茅草含苞欲放的时刻，把茅草的花苞连着草茎一起拔出来，那根长长的草茎就是茅针。因为很像一根缝衣针，所以叫它茅针。把茅针送到嘴里嚼，嫩嫩的，清爽爽，甜丝丝，味道确实不错！

我最喜欢去的是村前头的新浜，因为新浜边的那条小路，可以一直通到姐姐家的村头。逢年过节，我就会乐不可支地沿着这条小路去姐姐家“做客人”。因为有了这条小路，我的“做客人”就变得格外内容丰富、趣味盎然。我常常是一路拔着茅针吃，一路蹦蹦跳跳地走到姐姐家的！乡村里可以吃的野生植物是很多的，除了茅针，还有芦

根、菱角、桑葚、野梅子、野桃子等等。但也有不少是有毒的，据说我的一个哥哥，就是误吃了长在坟地里的野果子而死的。所以母亲常常用哥哥的死来吓唬我们，不许我们乱吃野果之类的东西。胆小的我自然是恪守母命，尽量避免跟野果之类的东西接触，渐渐地，还生出了一些畏惧。唯有茅针，我不仅不畏惧，甚至还可以说有点偏爱。我常常背着母亲拔茅针吃。我很久都不知道这是什么原因，我不知道为什么一根细细长长的草茎，竟会让我如此着迷。

直到长大成人才知道：我偏爱茅针，其实不在于“吃”，而在于“拔”。那种拔茅针的过程才是我真正向往的！新浜的河滩比较平坦，长满了茅草的河滩往往变得很结实。结实而平坦的河滩上长满了茅草，就像在床上铺了一块柔软的绿地毯。约上几个好伙伴，脚踩着柔软的绿地毯，一边走，一边拔茅针吃茅针，一边谈论着宇宙地理、侠客好汉，谈论着各自的趣事和向往。抑或趴在这块绿地毯上看河里穿条鱼赛跑，跟泥洞里的小螃蟹对话；抑或在绿地毯上盘腿而坐，兴致勃勃地做我们喜欢的游戏；有时干脆就朝绿地毯上一躺，嘴里嚼着清爽爽、甜丝丝的茅针，任凭白云从自己的鼻尖飘过，任凭小鸟从自己的耳边掠过，任凭小蚂蚁在自己的头颈里挠痒，任凭春风把自己的衣衫鼓起……那种惬意，绝对是旁人无法体味的！

后来我进了城，但思乡情结常常挥之不去，遇到不顺心，我就会想到侍弄一下花草，借以调节心情。即使看到水泥缝隙里长出一棵小草，我也会惊天动地地去研究一番，目的只是想亲近一下自然……一个孩子拥有在乡村度过的童年，绝对是难得的经历。无拘无束地生活在天地之间，犹如蓬勃生长的茅草，生命力特别顽强旺盛。茅草的生长与人世的动荡变更无关。一个童年拥有茅草、对大自然充满深情的人，会从容应对变更，平衡心态，与世间保持微小而超脱的距离。

蝴蝶蜜蜂的舞台

一朵朵月季花，迎着太阳展开笑脸；

一枝枝迎春花，傍着篱笆眉开眼笑垂下来；

无数棵小野花，从角角落落钻出脑袋；

一大片油菜花，在田野里拼命盛开。

月季花，迎春花，

小野花，油菜花，

都在盛开，盛开……

要为蝴蝶蜜蜂，搭建表演的舞台。

蝴蝶花和花蝴蝶

小河马做事太粗心，难怪大家叫他“马大哈”。

这天，小河马去公园玩，玩着玩着，看见湖边种着一大片蝴蝶花。那蝴蝶花有紫色的、白色的、嫩黄色的，美丽极了！小河马忍不住了，就悄悄走过去摘。他最想摘的是那朵嫩黄色的蝴蝶花。问题是，他的手刚伸过去，那朵嫩黄色蝴蝶花就突然飞了起来。紧接着，一大片蝴蝶花全飞起来了。蝴蝶花们在空中飞舞着，一边飞一边唱：“小河马，粗心的马大哈；小河马，真是个马大哈！”

“原来是一群花蝴蝶呀！”小河马不好意思地敲敲脑袋，后悔把花蝴蝶当成了蝴蝶花。

小河马很喜欢花蝴蝶，很想跟他们一起玩玩，就去追花蝴蝶。追呀追呀，追过木桥，小河马看见有一群花蝴蝶就停在湖的那一边。那群花蝴蝶有紫色的、白色的、嫩黄色的，美丽极了！小河马刚想走过去向他们问好，却看到花蝴蝶们扑扇着翅膀，好像在说：“小河马，马大哈，快来抓我们呀！”

小河马有点生气了！他想教训教训这些调皮的花蝴蝶，就装出毫不在意的样子，悄悄绕过去，快要靠近它们的时候，突然猛地一扑，想抓住几只。可是太奇怪了，那群花蝴蝶竟不逃也不飞。为什么呢？

原来他们根本就不是什么花蝴蝶，而是一片种在湖边的真正的蝴蝶花！

被小河马扑倒的几棵蝴蝶花“哎哟哎哟”地喊叫起来。

小河马又敲脑袋了，他向蝴蝶花们鞠躬，连连道歉：“对不起，对不起，看来我真是个马大哈！”

公园管理员大象警长罚他把蝴蝶花扶起来，再浇上水……

四月

竹笋大逃亡

四月，绝对是一个让人充满想象的季节。到了五月，树木的新枝新叶和花草的蓓蕾都已经长成，一切趋于平静，只是拼命生长、尽情开花而已。而四月，大自然的所有生命都在蠢蠢欲动，大自然的一切都在发生变化。这个时候去森林里走一走，你每天都会有新的发现，每天都会有新的惊喜。

除了石楠在早春二月就开始长红艳艳的新叶子外，杨柳也是很早就爆新芽的，它的新芽是绿色的。接着是桂花树，它的新叶子是紫色的。随后是榉树，高高的榉树，新叶子又细又密，抬头看去，就像在天空抹了一层淡淡的绿。紧接着，樟树、榆树、天竺等，都开始争先恐后地爆新芽，连先开花后长叶的梅树、结香、白玉兰和茶花，也等不及花朵凋落，就急急忙忙钻出了胖嘟嘟的脑袋……这个时候到森林里走一走，就像走进了一个嫩枝嫩芽的大罩子，被鸟语花香迷恋，被蝴蝶蜜蜂醉倒……

于是就有了“人间四月芳菲尽”的诗句。

在四月芳菲天里，最艳丽最夺目的要算樟树和天竺的新叶子。它们的新叶子有红、有绿、有黄、有紫……非常好看。开始我只是被樟树的新叶子吸引，后来才发现，其实天竺的新叶子也有许多种颜色，色彩和姿态都不亚于樟树。樟树和天竺，就像两名骄傲的时装模特，在绿色的舞台上，争奇斗艳，施展着各自的魅力。

在四月芳菲天里，最出风头的应该算竹笋。一般情况下，四月中旬就能看到竹笋破土了，今年我是在十三日那天看到的。那天我走过竹林，忽然看到竹林边有两颗深褐色的竹笋，正悄悄地从土壤里钻出脑袋东张西望。我兴奋极了，一天好几次地去看望它们，晚上女儿回家，我对女儿说："春笋破土了。如果今天晚上下雨的话，明天肯定会有更多的竹笋破土。"巧得很，这天晚上果真下雨了。我跑到竹林一看，哈，竟有十几颗尖尖胖胖的竹笋从松软的土壤里冒出来呢！竹笋破土是可以给人带来惊喜的，雨后春笋的生长速度又堪称神奇，所以生长速度奇快的竹笋，就成了四月芳菲天里最出风头的植物！

现在应该有疑问了——既然四月是万物生长、芳菲四溢的大好季节，既然竹笋是四月天里最出风头的植物，那么为什么还要选择大逃亡呢?

回答很简单：因为有人在不断地采挖竹笋！

我们那个森林共有七片竹林，每年四月，竹林里就会陆续长出许多竹笋；同样，每年四月，总有许多竹笋惨遭采挖。所以说四月是竹笋最出风头的一个月，也是竹笋最倒霉的一个月。那天我发现的两棵最早破土的竹笋，第二天就没了。第三天发现的十几棵竹笋，第四天就没了……第五天，我又发现几棵竹笋冒出了头，害怕隔天又会被人采挖，就捡了一些树枝树叶把它们遮盖住。没想到，我的"此地无银三百两"，又使它们遭了殃……

我很沮丧，恍恍惚惚，百思不得其解：森林里种竹子，是为了绿化环境，是给人看的，为什么要把它们变作餐桌上的美味佳肴呢？如果再这么采挖下去，这几个竹林终将慢慢消失……恍惚中，我仿佛听到一些尖细的声音，在叽叽喳喳地争吵。我侧耳细听，定睛一看，那声音似乎来自竹林的地底下，眼前有几个地方的泥土明显松软了。好奇心驱使我伸出手指，去拨那些松软的泥土。哈，眼前顿时就出现了许多笋娃娃尖尖胖胖的小脑袋。因为拨开了它们头顶的泥土，笋娃娃们争吵的声音显得更加响亮，更加清晰了——

“我认为我们保护自己的最好办法是一下子长高。对，我们一定要更加快速生长。如果我们破土后，一夜之间能长出三尺高，那么就可以逃避人们的采挖，因为三尺高的竹笋已经老了，人们不喜欢吃。”

这几个家伙逃到了八角金盘和杜鹃丛中。

这是眼前那几棵刚露出脑袋的竹笋在发表意见。

“这办法好是好，可是我们并没有魔法可以让自己在一夜之间长高三尺呀！唉，我看还是以不变应万变，看运气吧……”

这是来自竹林远处地下的声音，显得有些无奈。

这几个无奈的声音刚落，背后突然响起“哈哈哈哈”的笑声。我回头一看，声音来自那片由黄杨、八角金盘、杜鹃和红叶李组成的灌木丛中，四棵刚破土的胖笋娃，躲在灌木丛中得意扬扬地发表演说：“你们的办法要么胡思乱想，要么不求上进，都是不切实际的。在我看来，最好的办法就是大逃亡！对我们竹笋来说，大逃亡的本事好着呢！我们可以从地底下逃到河沟对面，逃到围墙角落，逃到灌木丛中，反正逃到最安全的地方，然后再破土生长，那才是万无一失呀！你看，我们四兄弟逃到了灌木丛中，人们说什么也发现不了我们的……哈哈，你们就跟着我们一起大逃亡吧！”

四兄弟的演说引起了许多竹笋的共鸣，竹林里叽叽喳喳响成一片……

正在这时，远处传来一阵脚步声，笋娃们一阵紧张，马上停止了争吵。竹林顿时安静了下来，我也从恍惚中回到了现实。我装作若无其事的样子，跟那几个人擦肩而过，但我的思绪还停留在笋娃娃们的争吵中。

我知道刚才听到的笋娃娃们的争吵，只是我的一种幻觉，但我愿意相信这些幻觉是真的，因为这些幻觉其实来自于我平日的所思所虑。

回到家里，我打开报纸，惊喜地读到了一篇陈钰鹏写的文章《植物的意识》。

文章写道：

2009年11月，美国弗吉尼亚州一个小城附近的树林里，一个伐木工被一棵突然倒下的树砸死。警察找不到这棵树倒下的原因，因为伐木尚未开始。有一位植物学家指出，这是植物在反击，树林里的树木不愿再受到砍伐，它们形成了一个警报链。伐木队一开进树林，这一警报链就活跃起来，最后有一棵树会以一种自杀行为对伐木工进行报复。这样的解释尽管让人费解，但也有不少人觉得不能排除这种可能性。根据最近几年的统计，发现每十万伐木工中便有八十一名死于与此相同的原因。伐木这一行当已经成为世界最危险的职业之一。

……

植物也有脑，长在根部，称“根脑”。一棵黑麦有一百四十亿条根系，它们有六百千米长，根脑处理来自感觉器官和根尖细胞的数据并做出恰当的反应。如果玉米的根发现土壤中有毒，在几秒钟内便会改变生长方向。

……

植物是有意识的，但它们的意识没有人类的意识那么明显，所以被称为微意识。某些玉米品种用一种有意识的杀灭方法对付它们的第一号敌人玉米螟。只要有第一条玉米螟的幼虫啃咬某一植株，该植株便会进行唾液分析，确定敌人的种类，然后释放一种气味，向整片玉米地发出警报。其他植株纷纷响应，于是玉米地笼罩着这种气味，引来大群马蜂，吃掉玉米螟。最多两个星期，玉米地里所有的玉米螟幼虫便死于这场“血洗”。

种种研究和结果使人们越来越相信，伐木工被树木压死的原因正是树木的反击。

现在我们应该清楚了，每当我们在砍伐树木的时候，每当我们在践踏花草的时候，每当我们在采挖竹笋的时候……植物们会是多么痛苦，多么难受，多么愤怒呀！它们也是有意识的，它们也是生命，为什么要去残害一个有意识的生命呢？其实，一个人能够在这个世界上对另一个生命担负起一份责任，应该是一件非常开心的事情，我们为什么不做些让植物开心也让自己开心的事情呢？不是吓唬你们，竹笋大逃亡只是采取了一种躲让的办法，是客气的。如果换成别的植物，也许就没有那么宽容了。

在以后的几天里，我一有空就到竹林里去观察竹笋们大逃亡的情况。

我发现，那些不肯移动脚步、只想碰运气的竹笋，早已没了踪影。

我发现，那些想在一夜之间长到三尺高的竹笋的结局也不怎么样：有的被淘气的孩子们摘了当宝剑玩；有的因为前期生长太快，长到一人多高就不长了，变成了长僵的“矮子”。

唯有大逃亡的竹笋们，才是最幸运的，它们有的躲在灌木丛中生长；有的钻过小路，在小路的另一边生长；有的甚至逃出十几米远，在围墙边的玫瑰花从中生长……个儿顶个儿高大挺拔，郁郁葱葱，生机勃勃，一片旺盛！

只可惜，由于竹笋们的大逃亡，原来的竹林却变得空空荡荡，

萧条了，荒芜了；由于逃亡竹笋们的强行侵入，瓜分阳光和肥料，本该安居乐业的黄杨、红叶李等灌木，也变得忧心忡忡，日趋枯萎……

送你一片小桑树林

我孵化了许多蚕宝宝，送了一些给邻居小姑娘莎莎。

莎莎开心得不得了。可她眨巴着眼睛问我："到哪里去采桑叶呢？"

我说："楼下森林里有好几棵大桑树呢。"

我就领着她去看那几棵大桑树。莎莎抬头看了看大桑树，又眨巴着眼睛说："桑叶长得那么高，我怎么采得着呀？"我不好意思地笑笑，然后踮起脚尖，采了一大把桑叶给莎莎："这些桑叶你先给蚕宝宝吃着，以后我会想个更好的办法。"

我确实想到了一个好办法。

森林里的小桑树苗其实很多很多，可惜人们不认识不在意，许多小桑树苗还常常被花匠当作杂草拔掉。我就在森林里找了个不易被人发觉的空地，开辟了一片小桑树林。我把那些生长在路边墙角树丛里的小桑树苗挖出来，种在我的小桑树林里，浇上水。很快地，十几棵小桑树苗整齐排列，开开心心地住在一起；很快地，十几棵小桑树苗茁壮成长，乐滋滋地长出了新叶子……

过了几天，我对莎莎说："我要送你一片小桑树林。"

我把莎莎带到这里，指着那十几棵小桑树，说："你看，这么矮的小桑树，你不用担心采不到桑树叶了。"我还指导莎莎，要先采小

桑树下面的老叶，保留顶部的嫩芽，好让它继续长新叶。这样，蚕宝宝就能源源不断地吃到新鲜桑叶啦！

莎莎笑得眼睛眯成一条线……

又过了一些日子，莎莎和她妈妈手捧一盒蚕宝宝来敲我家门。那盒蚕宝宝已经长得又肥又胖，亮晶晶的，很快就要上山结茧了呢！

莎莎妈妈笑眯眯地对我说："我代表我家莎莎，谢谢您送给她可爱的蚕宝宝。"

莎莎调皮地接着说："我代表我的蚕宝宝，谢谢您送给它们的小桑树林。"

我哈哈笑着说："我代表什么呢？我就代表我的心，谢谢你们给我送来了快乐！"

蚕宝宝没桑叶吃怎么办？小桑树排好队，等你来采摘哦！

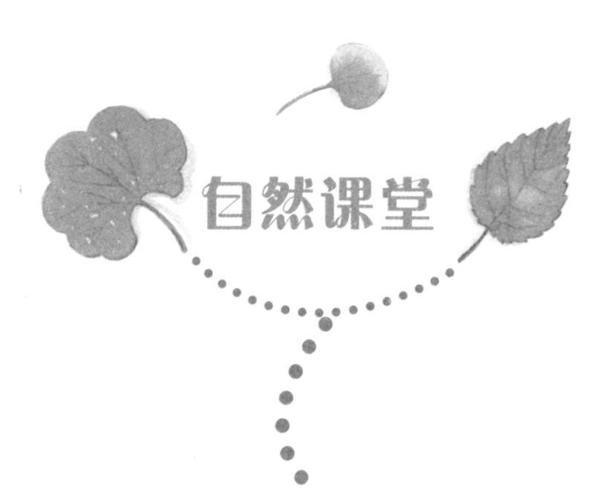

牡丹和芍药

牡丹是百花之王。到了四五月，牡丹花盛开，正是欣赏它们的大好时光。可是，许多人常常会把芍药也当成了牡丹。

芍药和牡丹，确实是一对亲密的好姐妹，外观也非常相似。但它们还是有所区别的——

比如，牡丹是木本植物，虽然冬季会落叶，但是枝干还是相当明显。芍药正相反，是多年生植物，冬季时，枝叶花果都会干枯消失，只留下根部和地下茎在泥土里过冬。

又比如，牡丹的小叶通常呈三裂，而芍药的小叶是全缘的；牡丹的花心有花盘保护雌蕊，而芍药的花心没有花盘……

记住了这些区别，你就不会把芍药当成牡丹了！

植物宝宝从叶子里长出来

有些植物的叶子落到地上，就会从叶缘长出一株株小植物。还有一些植物，它的叶片肥厚多肉，摘下一片叶子，插入土中，叶柄基部

也会长出一棵小植株。

我们来观察一下，有哪些植物具有这样的功能呢？

哦，我一下子就想到了落地生根，还有秋海棠、石莲、宝石花、乒乓板……

你想到了哪些植物呢？想到了，再动手试一试，一个可爱的小生命，就在春天里诞生啦！

叶子的百变造型

许多人以为叶子的形状差不多。事实上，叶子的基本形状就有圆形、三角形、椭圆形、卵形、菱形、心形、针形、剑形等。而造型奇特的叶子还有提琴形、扇子形、镰刀形、羊蹄形、盾牌形、手掌形、爱心形、箭头形、鳞片形、羽毛形……各式各样的形状，太有趣了。

此外，各种叶子边缘的尖锐程度也不相同，有的平滑，有的尖刺，有的呈波浪形，有的是锯齿形……即使是同一棵树的叶子，形状往往也是不同的。

哈哈，你想找到两片完全相同的叶子，还真不容易呢。如果把各种叶子排列在一起，千奇百怪的形状，肯定会让你赞叹不已！

植物的终身大事

植物不像动物，它们只能静静地待在原地，怎么来找到另一半，完成终身大事呢？

第一个办法是：靠动物授粉。那些动物就像是媒婆，会将雄蕊上的花粉带到雌蕊上。植物为了吸引动物媒婆，会开出鲜艳的花朵，散发出浓郁的香味。

第二个办法是：靠风传播花粉。有些花既不漂亮又不香，就只能借助风力了。这些植物的花朵，通常小而不明显，为了可以乘风飞翔，大部分的花粉粒长得很小，有的还有能帮助飞翔的气囊……说出来你也许不信，有些乘风而去的新郎，甚至能漂洋过海五千公里远呢！

第三个办法是：随水漂到新娘家。

第四个办法是：求人不如靠自己。这些植物通常会将雄蕊生得高一些，而雌蕊则生得低一些，以便让花粉自然掉到雌蕊的柱头上。

很难想象吧，静悄悄的植物，竟然也有这么多种多样的“结婚”方式呢！

有颜色有甜味的风

棕熊是只很勤劳的熊，他在山坡上开荒种树，造了个美丽的果园。无论谁走过这里，都会夸上几句：“瞧这果园多好，春天开美丽的花朵，夏天结甜甜的瓜果，真想在这里住下呢！”

风姑娘，懒懒地躺在山沟里，不肯出去走走。

风姑娘听到了大家对棕熊的夸奖，心里有点沮丧，有点嫉妒。她对棕熊说：“棕熊大哥呀，我真羡慕死你了，你有了这么美丽的果园，大家都喜欢你。可我，无色，无味，有时还会给大家带来点痛苦。唉，有谁愿意跟我交朋友呢？”

“快别这么想，”棕熊安慰风姑娘，“只要你经常出来走走，跟大家聊聊天，真诚相待，大家一定会喜欢你的。”

第二年春天，棕熊请大家到他的果园里来游玩做客，当然也请了风姑娘。

风姑娘有点拘束，她一声不响地跟在大家背后走着。啊，暖暖的阳光照着碧绿的果树，碧绿的果树开着彩色的花朵，大家玩得真开心！

风姑娘难得出来走走，没想到外面的世界这么美妙，感到格外开心；她生怕影响了大家的好情绪，不敢走得太猛，也不敢走得太快，总是轻轻地柔柔地走着……

突然，风姑娘听到大家在议论——

梅花鹿说："今天的风真舒服，绿叶随风摇摆，我觉得风也是绿色的。"

小绵羊说："今天的风真艳丽，桃花迎风开放，我觉得风也是红色的。"

……

风姑娘很高兴，她很感激棕熊让她变成了有颜色的风。

到了夏天，棕熊又请大家到他的果园里来品尝瓜果，当然也请了风姑娘。

这回，风姑娘不再拘束了，她在果园里欢快地走着，一会儿摸摸苹果的脸，一会儿又摸摸梨子的脸；一会儿摸摸葡萄的脸，一会儿又摸摸西瓜的脸……瓜果们被摸得很舒服很开心，眨眼工夫就长得像脸盆那么大！

大家欢呼起来：“啊，我们能吃很多很多甜甜的瓜果啦！今天的风真好，吹在脸上，我们觉得也是甜丝丝的！”

风姑娘高兴得手舞足蹈起来，她太感激棕熊了，感激他又使自己变成了有甜味的风。

到了晚上，风姑娘悄悄问棕熊：“大家都说我是有颜色有甜味的风，真是这样吗？”

棕熊笑笑，没有回答。

在树林里看月亮

很长时间，我说不清楚自己为什么要到树林里去看月亮。

乡村里，到处都可以看到月亮，为什么偏偏要跑到树林里去看月亮呢？是因为神秘，因为刺激？是因为浪漫，因为诗意？……好像都有点儿，但又好像不全是。我就是突发奇想，抑制不住地想体会一下在树林里看月亮的味道！尽管小树林孤零零地坐落在村头，尽管小树林的夜晚黑咕隆咚，阴森森，南面还有一块坟地，还会看到鬼火……不要说孩子，就是大人也很少敢来。但我还是决定实施这个在心头埋藏已久的秘密计划。

我首先跟小林根商议。小林根是我们村的孩子王，点子多，胆子又大，上树捉鸟掏鸟蛋，下河捉鱼摸螃蟹，什么都敢。有他出场，不仅可以壮胆，说不定还会玩出点儿新名堂。

我还叫上了罗铭思。罗铭思这家伙虽然比较咋呼，常常会坏事，但他毕竟是我的好朋友。

到了晚上八九点钟的光景，村里越来越安静，我们这支队伍就悄悄出发了。说是队伍，其实就我们三人。因为都带着“武器”，所以三个人的队伍还是有点儿威武雄壮的。带武器是小林根的提议，他是本次秘密行动的指挥官，指挥官出场当然要全副武装。我们就很努力

地想把自己打扮得像个解放军，可是效果却像土匪。你看罗铭思，这家伙不知从哪里弄来一顶军帽，军帽有点儿大，就像脸盆倒扣在头上，一走路就晃动。他的武器是长矛，说是长矛，其实是竹竿削削尖而已。瘦瘦高高的罗铭思，手拿一支细细长长的长矛，头上的军帽还会不停地晃动，你说像不像土匪？小林根在腰里束了一根皮带，倒是有点儿指挥官的腔调。他每次“执行任务”总要把他最得意的武器亮出来。你看，除了手提木制大刀，他还要在皮带上插一支木制手枪，因为他要用手枪来指挥“作战”和“发号施令”。我呢，莫名其妙地将母亲的束腰带，系在脖子上当披风，古代将军好像都会在盔甲外面再披一件披风。我的武器是一把木制宝剑。我的宝剑做得好，就是不会做剑鞘，所以只好在裤带上系两个绳圈，把宝剑插在绳圈里……

真是莫名其妙，去树林里是看月亮的，又不是去打仗，一个个带着武器干啥？

说穿了，是为了防鬼！到了晚上，乡村一片漆黑，孩子们最怕的就是鬼，所以要带上武器壮胆。现在想想也实在好笑，如果当时真的来了鬼，凭我们这些破烂玩意，能够打得过鬼，把鬼镇住，那才真叫见鬼呢！

我们是猫着腰向小树林进发的。执行秘密行动都是猫着腰的，这是基本常识，看过战争电影的人都知道。而且我们很怕被大人们看到，如果这时有大人看到我们这副模样，一定会嘲笑我们：“哦，土匪进村了……”

幸亏没被大人看见，所以我们很快就顺利进入“阵地”——我的那片小树林。

我熟门熟路地爬上我的“空中躺椅”，小林根和罗铭思也各自找了棵大树爬上去。在树林里看月亮的好戏，也就这么开了场。

不瞒你说，对于看月亮，我是很有研究的。我喜欢在不同场合、不同氛围、不同情境里看月亮，并且能看出完全不一样的味道——

比如说，在旷野里走夜路，四周黑乎乎的，总有些害怕。是月亮把小路照亮，始终伴着你，不离不弃。这时候看月亮，它是你最可靠最可亲的伙伴。

又比如说，在场地上搁块门板，然后躺在门板上看月亮。这时候，月亮给你的感觉是忙忙碌碌的：它一会儿钻进云层，一会儿又从云层里钻出来……总是忙个不停。

再比如说，登上麦垛看月亮，房屋大树，整个村子全都被你踩在脚下了，你的眼前只有月亮，你会觉得离月亮很近很近，月亮似乎要跟你亲吻；而你，几乎一伸手就能摘到月亮。

即使在屋里，甚至趴在床上，同样可以看到月亮。月亮通过木窗，或者天窗，走进屋子，在地上制造出一块白幕布。这块白幕布是慢慢爬行的，所以说，在屋里看月亮，就像是在看月亮爬行。只见它在黑暗里慢慢地爬，先是爬到靠窗的餐桌上，好奇地看看你家还有哪些剩菜剩饭；慢慢地又爬到梳妆台上，很有耐心地照镜子；接着又调皮地爬到床沿，检查你的脏鞋子是不是有破洞……最后它爬到你的枕头边，爬上你的鼻子眼睛，伴你入眠……

那么在树林里看月亮又是一种什么味道呢？小树林在白天是幽静的，到了夜晚就像一头大黑熊潜伏在那里。月亮时而被黑黝黝的枝丫遮掩，时而又透过黑黝黝的枝丫露出白光，是那种属于神秘带点恐惧的味道。问题是这种新鲜感很快就过去了，罗铭思终于耐不住寂寞，大声咋呼起来了：“好像没啥意思嘛……黑咕隆咚的，真是吓死人！”

“别咋呼，小心招来鬼！”小林根拔出手枪，压着嗓音警告。

罗铭思乖乖地不吭声了。

我轻声安慰罗铭思：“耐心点，别急，会有新发现的。再说，正是吓死人，才有味道呢！”

过了一会儿，罗铭思突然又咋呼起来。他低头看着树下的池塘，压着嗓音说：“你们看，池塘里也有一个月亮哎。真好看！”

小林根低头看了一会儿，突然也兴奋起来：“有意思，那月亮好像在池塘里洗澡，更像是坐在池塘的怀里微笑。哈哈，池塘抱着一个月亮哎……”

“池塘抱着月亮，月亮抱着树林，你们有没有发现，月亮上也有一片树林呢！”

我说：“现在你们看出点儿味道来了吧。快看快看，有几条小鱼游过来了，哎呀，那几条小鱼好像是在月亮上游泳，又像是在树林里穿梭游戏……”

“又有一条小鱼游过来了，它们是在月亮上赛跑呢，太有趣了！”

“不，它们是在跟月亮亲嘴！”

“快看，一只小螃蟹也登上了月亮。”

“哎呀，小螃蟹挥舞着那两把‘剪刀’，是不是想把月亮剪碎呀？”

“笨蛋，小螃蟹有这本事吗？它是在欢迎月亮大驾光临！”

“看呀，小螃蟹吹泡泡了。哈哈，小螃蟹是在……”

小林根刚想说小螃蟹是在“为月亮表演魔术”，罗铭思突然用手指着树林南面的方向，颤抖着声音，结结巴巴喊了一句：“有，有，有鬼火！”

我们一愣，顺着罗铭思手指的方向看去，果然看到有“鬼火”。

只见那“鬼火”在南面黑乎乎的坟地里一闪一闪、明明灭灭地飘浮着。我们顿时就紧张起来，头皮发麻，胳肢窝里出冷汗。更为可怕的是，那“鬼火”在坟地里绕了一圈以后，竟然径直朝我们所在的小树林，慢慢悠悠地飘过来，飘过来……

“啊呀，鬼来了，逃呀！”罗铭思大叫一声，拔腿就逃；惊慌中忘了自己是在树上，所以就扑通一声“逃”到了池塘里。大概是受了罗铭思的影响，我和小林根也惊慌失措了，扑通扑通，我们也“逃”到了池塘里。幸亏池塘并不是很深，我们沉入水底后，马上又挣扎着浮出了水面。我们在池塘里挣扎着，挣扎着……嘿，实在难为情，这

时候我们已经忘记叫“鬼来了”，而是拼命地叫“救命”。

说也怪，那“鬼火”可能听到了声音，突然加快速度向我们飞跑过来。他本来是飘的，现在是飞跑的；不一会儿就飞跑到了树林里，飞跑到了池塘边——紧接着，一道刺眼的亮光照在我们脸上。

“原来是你们三个小鬼呀！”那“鬼火”笑着说话了，“深更半夜的，跑到池塘里来做啥？是来捉鱼吗？还是游泳？真是想不通，哪有深更半夜捉鱼游泳的？”

我们定了定神，抬头一看，顿时就松了口气，哪里是什么鬼呀，原来是小林根的哥哥龙根！他手里拿着手电筒，远远看去，手电筒的亮光就像“鬼火”一闪一闪的……

龙根把我们一个一个从池塘里拉上来。

小林根不好意思地问：“阿哥，你怎么到这里来啦？”

龙根嬉笑着说：“我在桃树浦捉螃蟹，顺便想弯到这里来碰碰运气。哈哈，没想到运气这么好，捉到了你们这三只大螃蟹……”

被“押送”回家的十几分钟，可以说是我们最狼狈、最难熬、最沮丧的十几分钟——

看看我们仨，一个个垂头丧气，浑身湿透，就像三只得了瘟疫的“落汤鸡”。

我们的大刀长矛宝剑，全都横七竖八、有气无力地扛在肩上，早已失去了出发时的凛凛威风。我的脚上只剩下一只鞋，另一只鞋估计是陷在池塘的烂泥里了。罗铭思那顶晃来晃去的军帽，也不知丢哪儿了……这难道不是“丢盔弃甲”“大败而归”吗？

这一路上，我们三个残兵败将慢吞吞地走在前面，而龙根则嬉皮笑脸地走在后面，还用手电筒照着路。那样子像什么？像押送“俘虏”！

唉，我们没有打败“鬼”，自己倒成了俘虏……

现在让我想想，当年在树林里看月亮，究竟享受到了一种什么样的味道呢？确实很神秘很刺激，确实很浪漫很诗意，确实也见识了月亮倒映在池塘里的种种美妙……但肯定不完全是这些。说实话，月亮倒映在池塘里的种种美妙，有许多感觉都是我长大成人后联想形成的，童年的感觉只是一个大概的轮廓而已。那么就只剩下分享了，我其实是想让童年玩伴，来分享我在秘密花园里的快乐？对了，我终于想明白：分享是可以带来快乐的，许多有趣的经历只有跟同龄玩伴一起完成，才会更有趣更快乐！想想看，没有小林根的出场，我们会想到全副武装地进入小树林吗？没有罗铭思的“咋呼”，后面的故事会发展得如此曲折离奇、引人发笑，如此令人难忘吗？……

看来我是确实想明白了。

第二天早晨，龙根一见到我们三个就添油加醋地嘲笑：“说说看，昨晚掉到池塘里是一种什么味道？”

他还左邻右舍到处广播：“哈哈，我昨天晚上捉到了三只很大很大的大螃蟹，今早过过老酒，味道好得不得了……”

开始，我们三个还有点尴尬，不好意思地低着头；但很快就不以为意、喜笑颜开了，还相互打闹取笑：

“都是你，咋呼，咋呼，看看，把‘鬼’咋呼来了。”

“你们不也害怕了吗？不是照样掉到池塘里了吗？”

“你掉到池塘里的样子最难看，哈哈，四脚朝天！”

“你掉到池塘里的样子好像也不雅观吧，是狗爬式！”

“哈哈……”

一串无比欢畅、无比舒心的笑……

春天的雨

春天的雨是香香的面条，
大树拍着肚皮叫：
吃饱，吃饱！

春天的雨是甜甜的饮料，
燕子飞来飞去报告：
味道好，味道好！

春天的雨是暖暖的泉水，
小花小草在泉水里，
开开心心洗澡。

春天的雨营养好，
人人都想，
尝尝它的味道。

石缝里的笋芽

其实，笋芽原先并不是长在石缝里的，它的根正好被压在一块大青石板底下。它发芽了，尽管大青石板压在头上，但它还是“呼哧呼哧”地长着，希望有朝一日能推开大青石板，破土而出。可是，大青石板很大很重，笋芽怎么也推不开它。

石缝里长着一棵小草，小草在那里生活得很安逸很自在。它听到了笋芽在大青石板底下“呼哧呼哧”用力生长的声音，觉得很奇怪，便问：“可怜的笋芽儿呀，你为什么要白费力气呢？如果是我，早就在大青石板底下舒舒服服睡大觉了，难道你没看见顶在你头上的是一块很大很重的青石板吗？”

笋芽不响，依旧“呼哧呼哧”生长着。它只是改变了一下策略，不再死死地顶着青石板生长，而是绕过青石板的压迫生长。没多久，笋芽果真绕过了青石板，从石缝里钻出了头。

小草很惊讶，吐着舌头说：“笋芽笋芽，你还真了不起呀！哦，尽管你那样傻，但我还是很佩服你。也好，以后你就跟我做个伴，我们生活在一起，日子会过得很像样。”

笋芽不响，还是“呼哧呼哧”生长着。因为它已经绕过了大青石板的重压，能够无拘无束地自由生长了，所以生长的速度可快啦，眨

眼工夫就冒出了石缝。

小草吓坏了，连忙劝它：“笋芽呀笋芽，快别长高啦，长出石缝会给你带来许多灾难的。瞧我这样多好，把石缝当作安乐窝，狂风吹不倒我，野兽踩不伤我，既安全又快活。”说话间，正巧有只狗熊从青石板上走过；笨重的熊掌踩在刚刚冒出石缝的笋芽上，踩破了笋芽的芽尖尖，还差点踩断了笋芽的腰。小草摇了摇身子，自作聪明地说：“看看，我没说错吧，像你这样冒出头，会担许多风险，对你是没有好处的。”

笋芽不响，精心休养了一些日子，等伤疼愈后，又“呼哧呼哧”地生长起来。

长呀，长呀，笋芽冒出石缝已有一寸多了。

长呀，长呀，笋芽已经变成了竹笋，冒出石缝足有一尺多高。

一天，有个小女孩从大青石板上走过。

“呀，这是一支多么好的竹笋啊！”小女孩看见了从石缝里钻出来的竹笋，忍不住停下了脚步。她眯眯笑着，轻轻摸了摸笋尖上的嫩芽；然后跑到溪水边，用水壶灌了满满一壶山泉水，浇在竹笋的根上。

小女孩说：“竹笋呀竹笋，你那么顽强不息地生长，一定很累了吧，让我用清凉凉甜丝丝的山泉水慰劳慰劳你吧。”

小草在一边看得羡慕极了，它摇了摇身子，摆了摆脑袋，正想说点儿什么，小女孩却伸出手，毫不经意地把它从石缝里连根拔起，扔在一边。小女孩说：“竹笋呀竹笋，让我把这棵小草拔掉，免得它抢走了你的养料。”

石缝里的竹笋依然不响，只是一个劲地长着长着，长得枝繁叶茂绿森森、高高大大有力量；竹笋越长越高，好像是急着要跟太阳公公握握手，问个好呢！

可怜的小草枯萎了，腐烂了，它再也不能喋喋不休、自以为是地高谈阔论了。

五月

森林里的野花野草

花匠在森林里种了杜鹃和月季，还培育了大草坪。杜鹃红成一片，月季多姿多彩，大草坪绿意如织，自然吸引着很多居民常去欣赏。而对于我，最吸引我，最让我心动的，却是那些自然生长的野花野草。

野花野草没人培育，没人呵护，就像野孩子，都是随着自己的性子随意生长。野花野草到处都是：在大树下，在小径边，在墙角落，不经意间就能看到。它们的颜色一点儿也不张扬，野草自然是嫩绿的，野花有红，有黄，有白，也有紫……星星点点，漫不经心地散布在森林的角落，就像是森林里的一个个小精灵。这些小精灵是什么时候开出来的，并不重要，重要的是，我看到了它们。在五月的阳光里，它们兴高采烈并不张扬地盛开着，阳光把它们的花蕊照成透明，细细的花茎毛绒绒的，让人不忍心去摸它们。但我还是忍不住伸手去摸了，轻轻的，感觉是在抚摸婴儿细嫩的皮肤，听到了婴儿咯咯的笑声，闻到了婴儿散发的香味。

在星星点点、漫山遍野的野花野草中，只要你留意，也常常会有几株让你惊艳！那天傍晚，夕阳斜斜地照透了森林，我沿着一条小径，向森林深处走去。这条小径天天有人走，但恐怕有些人从来也不会发现路边有什么变化。而我却常常会有一些新的发现。我每每散步，必定是慢慢地走，走得很慢很慢，而且还要一边走一边跟两边的树木花草点头交谈……就是这种慢走，让我发现了一株娇艳的紫蓝色野花——眼角先有紫蓝色一闪，侧身看去，才看见她躲藏在草丛里，倚着一块石头，正尽情享受着夕阳的抚摸。那种娇艳，那种妩媚，实在让人心醉！我惊喜万分，连忙跑回家拿来照相机，为她留下了倩影……第二天我再去看，她已经有点枯萎。过了没几天，她就凋谢了；又过了几天，竟然找不到一丝踪迹，就像这里压根没出现过这样一株紫蓝色野花……路边的花儿，总是悄悄地开，也总是悄悄地谢；一旦发现了，就要抓住时机尽情欣赏。有句话说“路边的野花不要采”，我说对，

一株娇艳的紫蓝色野花躲藏在草丛里，倚着一块石头，正尽情享受着夕阳的抚摸。

但不能没有一双善于发现、懂得欣赏的慧眼，因为它可能永不再来。

比之野花，野草似乎要逊色一些。但这种逊色只是色彩的逊色，论形体姿态，野草一点也不比野花差。我曾在森林里看到过一丛马玲，细细长长，嫩嫩绿绿，还镶着一缕金边，在夕阳里金光闪闪，有点儿鹤立鸡群的味道。我也曾看到过一丛光纤草，它细如光纤，顾名思义叫光纤草。我还看到过一丛芒草，五月的芒草，也是细长嫩绿的叶子，很惹人爱。过了几天，我再次遇见这丛芒草的时候，忽然发现芒草丛里多了几朵小红花。这种小红花叫红花草，很普通，村前宅后，篱边树旁，随处可见；庄稼地用来肥沃土壤的红花草更是铺天盖地，毫不稀奇。而这几朵小红花，却显得格外艳丽夺目，它们就像顽皮的花精灵，在“绿森林”里穿梭往来，欢快跳跃，打破了绿的单一，给芒草平添了几分灵动和活力！我猛然醒悟：芒草映衬了红花，使红花更艳丽；红花点缀了芒草，使芒草更多彩。野花和野草总是挤挤挨挨、你中有我我中有你地生长在一起，不离不弃；它们相得益彰、取长补短，共同创造了美丽！

是的，我特别喜欢一大片挤挤挨挨、携手相连的野花野草。尽管有的躲藏在林子里，有的赫然挺立在墙头，更有的在小径和台阶的缝隙里突然冒出，但我确实更喜欢一大片的野花野草。我家那个森林就有一片这样的野花野草。那里是一个高起的斜坡，斜坡上，十几棵桂花树葱翠成林，前面留有一块空地。因为那片空地开阔，朝阳，又有桂花树林作为背景衬托，所以那里的野花野草就显得格外器宇轩昂、优雅自在、鲜艳夺目。每当我走过那里，就会想起坝上木兰围场之行。那是我有生以来看到的最宏伟、最有气势、最美丽的野花野草。那里的野花野草常常是一个山坡一个山坡地开，一个林子一个林子地开，铺天盖地。远看，被如潮的野花野草震撼，人在其中，自己也变成了野花野草，有一种被陶醉迷失的感觉……回家后，我想再次被陶醉迷失，就会待在这里，欣赏沉思很久；抑或在阳光明丽的时候，为它们留影。我感激它们常常勾起我对坝上木兰围场的美好回忆，让我在花团锦簇中感受野花野草的宽广蓬勃。当然，我也感激它们中的每一个，因为蓬蓬勃勃的花团锦簇，恰恰来自于每一朵野花和每一棵野草的顽强生命和携手相连。

花匠常常会在森林里整修枝叶，当然也常常会把一些野花野草除掉。有一次我站在这个斜坡前，恳求花匠："千万别除掉这片野花野草，好吗？"

花匠诧异地看着我："为什么？我们的工作就是除草呀？"

"你看，有了这片野花野草，那十几棵桂花树就显得格外有情调，也格外精神抖擞了；而除掉了它们，杂草是没有了，景色却大不如前，桂花树也孤单了……"

花匠想了想，笑着说："有道理。好吧，我就手下留情了……"

野花和野草携手相连，演绎着顽强的生命！

调皮鬼

春光明媚的午后，我在森林里和一只黑蝴蝶玩游戏。

黑蝴蝶故意在我眼前忽上忽下地飞，然后停落在一片绿叶上，笑眯眯地看我。我就用照相机对准它，慢慢近前，近前……就在我想按下快门的一刹那，黑蝴蝶突然又飞起来，让我很沮丧。我装作若无其事，它又慢慢悠悠停落在一朵杜鹃花上。可当我又把镜头对准它时，它又不失时机地飞了起来……这真是一个调皮鬼！我被它骗得脸面扫地，可我愿意，因为我们原本是在游戏。

就在我再次被骗时，突然一团黑影迅雷不及掩耳地扑向黑蝴蝶，黑蝴蝶霎时不见了，只见空中一团黑影在急剧地旋转挣扎。不一会儿，一只鸟儿飞到了树上，黑蝴蝶跌落到了地上。啊，原来是鸟儿袭击了黑蝴蝶！

趁黑蝴蝶躺在地上不再飞舞，我赶紧将镜头对准它，“咔嚓！咔嚓！”我拍完照，可黑蝴蝶还没有飞起来的意思。仔细一看，才看到黑蝴蝶的一只翅膀被撕破了一个口子！

我气坏了，对鸟儿怒目而视：“你为什么袭击它？”

鸟儿还在扬扬得意呢！它不解地看着我，似乎在说：“它一次次地骗你，我是在帮你呀！”

“可你伤害了它！”我指着躺在地上一动不动的黑蝴蝶，“你看，你咬破了它的翅膀，它可能再也飞不起来了。”

鸟儿惊慌地看着地上的黑蝴蝶，轻轻地辩解：“我不是故意的，我是跟它玩游戏……”

“玩游戏应该注意安全，不能伤害别人，懂吗？”

鸟儿看着我，不好意思地低下了头，一动不动，也不飞走，就像一个犯错的孩子，等待着大人的处罚。

我小心翼翼地把黑蝴蝶移到一朵杜鹃花上，希望杜鹃花的花蕊能帮助它恢复一点儿元气。大约过了十几分钟吧，黑蝴蝶总算动了动翅膀，尝试着起飞。它吃力地振动翅膀，终于飞了起来，飞呀飞呀，最后飞到森林里，不见了踪影。那只鸟儿这才如释重负地松了一口气，看了看我，也飞走了，朝着黑蝴蝶飞走的方向……

我看着鸟儿的背影，笑着说：“也是个调皮鬼！”

老实交代，是谁袭击、咬伤了黑蝴蝶？

大家一起来练鸟功

什么是鸟功？看鸟、听鸟的本领就是鸟功呀！

每年春天，正是大部分鸟儿恋爱的季节。森林的鸟叫声此起彼伏，鸟儿们特别“爱秀”，所以这个季节正是练习听音辨位、判别鸟种的大好时机。每种鸟儿因为体腔的大小、鸣管的结构不同，导致它们的音色和鸣唱方式有差异。只要先静静听，再仔细看（最好用望远镜看），确定鸟叫声的方位，慢慢地就会练就很好的鸟功，听到鸟叫声就能知道是什么鸟在叫。

比如：冠羽画眉的叫声是“吐——米酒”；竹鸡的叫声是“鸡——狗——乖”；布谷鸟的叫声是“布谷——布谷”；白腹秧鸡的叫声是“苦哇——苦哇”。还有头乌线，一只叫：“是谁打破气球？”另一只马上回应：“是你打破气球的。”你一句我一句，非常有趣。

鸟儿在恋爱的季节，叫声往往特别长，目的是吸引异性。鸟王子往往不厌其烦地颂唱情歌，直到配对成功，巢中幼鸟孵化，鸟王子变成了鸟爸爸，它们的鸣叫才会渐渐停止。

倦鸟不归巢

一般人总以为，鸟巢是鸟儿的家，鸟儿忙了一天，累了，晚上就要飞回巢里休息睡觉。

其实，这是一个误解。除了繁殖季节，鸟儿几乎是不筑巢的。一年中的大部分时间，森林里的鸟儿只是找个隐蔽的地方，站在树枝上休息睡觉。

那么鸟儿筑巢又是为了什么呢？主要就是为鸟蛋和鸟宝宝创造一个防风、保暖、隐蔽、安全的地方。当然有些种类的公鸟，也把鸟巢当作求偶的展示品：鸟巢盖得愈精致完整，说明公鸟的能力愈强，就愈能获得雌鸟的芳心……

所以说，倦鸟是不归巢的。

让你尝尝臭气弹的味道

在森林里行走，有时会突然有臭气弹从天而降。那是鸟儿看见有“敌人”入侵，本能地从胃里吐出半消化的食物，用臭气吓退“敌人”。

许多野鸟都有自己生存的领域，它们会用各种不同的方式，驱逐来犯者。尤其是繁殖期，鸟儿保护小宝贝的决心和人类相比毫不逊色。常听说鸟儿攻击过路的行人，那是因为路边电线杆上有它的鸟窝。它

们最常用的办法，就是让你尝尝臭气弹的味道，威胁你早点离开。

小动物的退敌本领

首先，动物们会模仿有毒动物。比如，蝴蝶的天敌是鸟儿，那么想个什么法子躲避鸟儿呢？有一种叫斑蝶的蝴蝶，喜欢吃一些有毒的植物，所以它们长大后，体内也带有一定的毒性。吃过苦头的鸟儿，知道斑蝶不好惹，往往会避而远之。哈哈，办法终于找到啦，许多蝴蝶就将自己的外表模拟成斑蝶的样子，这样就可以躲避天敌的攻击，保护自己啦！

又如，猎食者不喜欢吃颜色亮丽的瓢虫，于是有些昆虫的外形就长得像瓢虫一样。

有些小动物以警戒色自卫——故意让自己更显眼，用突显自己的办法来吓退天敌。它们常常让自己的肤色变得异常鲜艳，大摇大摆地飞来飞去，好像在警告天敌：“哼，吃了我是会不舒服的，看你敢不敢吃我！”

“拈花惹草”的高手

花草树木抽出新芽、绽放花朵后，许多喜欢“拈花惹草”的小昆

虫也就纷纷出现了——

第一高手应该是蜜蜂。它们从墙缝、树洞和土堆里飞出来，整天飞在蜂巢和花朵之间，辛勤采蜜。它们除了以口器吸取花蜜，还会用前脚采花粉，再刮粘在后脚的花粉篮中。科学家推算，小小花粉篮里的花粉粒数，可高达上百万呢！

蝴蝶也应该算高手。随着气温升高，白色的纹白蝶数量渐渐减少，但是其他美丽的花蝴蝶却越来越多。如果森林里生长着盛开花朵的植物，那么很容易引来端红蝶、桦斑蝶，以及一些常见的小灰蝶、弄蝶等前来采蜜、产卵。

另外，还有蚜虫、小甲虫、天蛾等小家伙，它们像蜜蜂和蝴蝶一样，为了吸食花蜜，为了啃食植物的叶片、嫩芽和花朵，而成为森林里的“拈花惹草”者。

尝尝，春天的味道

尝尝，
春天的味道。
萝卜说：它是甜甜的。
豆荚说：它是嫩嫩的。
黄瓜说：它是清凉的。
韭菜和大蒜同时报告：
它们的味道很香，
几里外都能闻到！

我在竹林边聆听——
“唧令令，唧令令！”
那是昆虫别冬的曲调；
“叽叽喳，叽叽喳！”
那是鸟儿迎春的歌谣。

忽然有人挠我脚底，
啊，是破土的竹笋要我让道！

我在田野里奔跑——
春风里有春天的味道，
暖阳里有春天的味道。
春天的味道，
把蝴蝶蜜蜂醉倒，
一个摇摇摆摆舞蹈，
一个跌进花蕊睡着。

放学回家的时候，
家家户户的厨房，
都有春天的味道在飘。
我吃着妈妈烧的
蚕豆、莴笋和豆苗，
连肚子里也感觉到
有了春天的味道，
满满的，
都快溢出来了！

尝尝春天的味道。
夜里，
我抱着满满一肚子春天
睡觉！

享受森林（一）

樱樱很想有一天能到森林里去玩。

爸爸指着门前花园里的一棵小樟树苗，说："看，这里就有一片森林。"

"什么呀，那只不过是两瓣小小的叶芽嘛！"

"只要你心里有它，经常去护理它，要不了几年，它一定会长成一片森林。"

樱樱不怎么相信，但她相信爸爸。所以，樱樱每天从门前走过，都要去看看那棵小樟树苗。

泥土干了，她就浇水；长出了杂草，就把杂草拔掉；刮大风了，她为小樟树苗绑上一根竹子；严重冰冻，就在小樟树苗四周铺些稻草……

过了一年又一年，小樟树苗跟樱樱一起长大。

到樱樱读三年级的时候，小樟树已经有两个樱樱那么高了。看，樟树茂盛繁密的枝丫，朝气蓬勃地朝四面八方伸展，编织出一大片嫩绿色的阴凉。

樱樱高兴极了，搬个凳子坐在树荫里，久久不肯离开。

妈妈问："你老是坐在那里干什么呀？"

樱樱笑嘻嘻地说："这是我的'森林'。我在享受我的'森林'呢……"

享受森林（二）

门前的那棵樟树越长越高大，越长越茂密，真像一片绿色的森林呢！

樱樱一有空就搬个小凳子，坐在“森林”里玩。玩着，玩着，樱樱总觉得好像缺少了点儿什么，缺什么呢？她自己也说不清楚。

樱樱的“森林”还在长高，已经越过房顶了……

一只百灵鸟飞过来，叽叽喳喳叫着，好像在问樱樱：“我可以在这里唱歌吗？”樱樱马上点头说：“可以，可以。我很高兴你喜欢我的‘森林’！”

两只燕子飞过来，在“森林”上空飞呀飞呀，好像在问樱樱：“我可以在这里造小房子吗？”樱樱马上点头说：“可以，可以。我很高兴你们在我的‘森林’里安家。”

于是，百灵鸟飞到“森林”里快快乐乐地唱歌，燕子开始在“森林”里快快乐乐地筑窝。

这时，樱樱突然觉得自己的心里也快乐起来，快乐得就像春花怒放。樱樱眉毛一扬，好像想起了什么。只见她“噔噔噔”跑进屋，不一会儿，又笑嘻嘻地跑回来，手里拿着一张纸一支笔。她用笔在纸上写了这样一行字：

欢迎大家都来享受我的“森林”！

然后把纸条挂在“森林”的树枝上。

第二天，“森林”里除了有百灵鸟唱歌，燕子筑窝，还有东家奶奶婶婶聊天，西家爷爷伯伯下棋；小狗小猫趴在地上睡得香甜，小朋友们嘻嘻哈哈做游戏……樱樱就像一只快乐的蝴蝶，在她的“森林”里飞进飞出。

野　花

野花把森林打扮成仙女，
哪一朵是最娇艳的你？
野花在森林里舒展笑脸，
哪一朵是最甜美的你？
是那朵开红花的吗？
是那朵开紫花的吗？
是那朵开黄花的吗？
是那朵开白花的吗？
你说是又说不是，
给了我一个难猜的谜……

一阵风吹过，
你露出头，又很快离去；
你笑一笑，又马上不语。
哦，我知道了，
你躲在花的海洋里，
只想默默努力，

织成野花铺天盖地。

你并不在意，

有人能看见你！

动物名片

大学毕业后，我到《森林报》当了一名记者。

有一天，总编辑把我叫到他的办公室：“年轻人呀，你想一举成名吗？”

“当记者哪有不想成名的？”我撇撇嘴，耸耸肩。

“那好，我交给你一个非常有趣又非常艰巨的任务。”

“什么任务？”

“你去采访一下动物怎样？我们《森林报》想做个专栏，重点介绍一下森林里的动物，介绍有关它们的知识，介绍它们的有趣故事，尤其要介绍它们和人类相处的各种有趣的故事。”总编笑眯眯的，一边说，一边拍了拍我的肩膀，“我想，所有的小朋友，都会对这个选题产生浓厚兴趣的。选题一旦引起轰动，全世界的小朋友都会读你的文章，到那时，你不就成为一个赫赫有名的记者了吗？”

“太好了！”我高兴得呵呵直笑，嘴巴都合不拢了。

就这样，我怀着无比喜悦的心情，一头走进了新鲜有趣、惊险离奇的动物世界。整整三年，我游历各国，走遍了世界各地，和全世界的动物交朋友。我听它们讲故事，阅读它们的报纸杂志，收集了许许多多有趣的资料，然后写成有趣的故事，用电子邮件发到《森林报》刊登出来。人和动物是朋友，但有时，人和动物又成了敌人。这些故事都是真的，发生在人和动物之间的这些恩恩怨怨，让人们发笑，同时也让人们深思。所以这些故事在《森林报》刊登出来后，果然引起了轰动，小朋友们喜欢得不得了，《森林报》的发行量翻了好几番呢！

说来有趣，每当我采访一个动物明星，那位动物明星就会恭恭敬敬地递给我一张漂亮的名片，然后才娓娓动听地讲它们的故事。我暗暗好笑，这些家伙肯定也想着出名吧，它们知道我是记者，希望我把它们的名片和故事刊登在《森林报》上呢！

收到了动物的名片，我当然也会把我的名片送给它们，这叫交换名片，礼尚往来。

这样一来一往，我就收集到了全世界动物的名片；全世界的动物那里也都有了我的名片。动物们出名了，成了动物明星，我也出名了，成了《森林报》的名记者！

现在，我常常会翻看一下这些有趣的动物名片，阅读一下这些有趣的动物故事，每当这个时候，往往就是我最幸福快乐的时光。我把这些名片和故事写成一本书，就是要把我的这些幸福和快乐，跟全世界的人们一起分享。好，现在就请大家来分享我的这份幸福和快乐吧！

河马的名片

姓名：河马大大

家庭住址：非洲的一条河流

头衔：厚皮冠军、大嘴巴冠军

一技之长：水性特好

美中不足：胆子小、偏食、只吃草

比 嘴 巴

人们很想看看河马大大的大嘴巴。可它喜欢摆架子，死活不肯张开。

饲养员乔治知道河马大大的脾气，笑着说："我有办法。"

乔治招来巨嘴鸟，给它吃了一条虫，拍拍它的头。巨嘴鸟马上张开了它的大嘴巴。

"哼！"河马大大看也不看巨嘴鸟一眼。

乔治招来鹈鹕，给它吃了一条鱼，拍拍它的头。鹈鹕也马上张开了它的大嘴巴。

"哼！"河马大大还是不看鹈鹕一眼。

乔治又招来鳄鱼，给它吃了一只兔子，拍拍它的头。鳄鱼高兴得吼叫一声，把大嘴巴张得大又大，逗得人们热烈鼓掌。

这回，河马大大耐不住了，它急忙朝着鼓掌的人们拼命张大嘴巴，好像在说：“我的嘴巴最大！是我的嘴巴最大！”

大开眼界·大嘴巴的动物

河马的大嘴巴张开时好可怕呀，里面可以容下个大磨盘，一口可以咬断一条小船。不过，别担心，一般来说，河马是很温驯的，只吃草和水里的植物。

鳄鱼的大嘴巴真厉害，它张开大嘴巴，七十四颗牙齿像钉子一样尖利，上下颚一合，连牛骨头也能咬碎。有趣的是，大嘴巴却也是鳄鱼的弱点，鳄鱼嘴巴张开的力量不很大，所以，只要用双手握紧鳄鱼的上下腭，它的大嘴巴就怎么也张不开了。

蓝鲸的大嘴巴一张开，几千几万只磷虾就都游进了它的大嘴巴。蓝鲸一天吃的磷虾用一辆大卡车也装不下呢！

鹈鹕的大嘴巴里能装很多鱼。这些鱼够它吃一天的，还可以带回去喂宝宝呢！鹈鹕捕鱼就更有趣了，有时用大嘴巴把池塘的水掏干；有时把鱼赶到浅水的地方，然后用大嘴巴连水带鱼一起掏起来，再闭上嘴，让水从缝隙里流出来，鱼就吞下去啦！

巨嘴鸟的大嘴巴又粗又壮，几乎占身长的三分之一。那模样真让人担心粗壮的嘴巴会不会把颈折断。其实不会，它的大嘴巴很轻。看，它吃食物时，先用尖嘴啄下一小块，然后扬起脖子把食物向上一抛，再张开大嘴巴把食物接入喉咙口，真像杂技表演！

虎鲸的名片

姓名：虎鲸鲁鲁

别名：逆戟鲸

绰号：强盗鲸、敢死英雄

头衔：角斗大王

性格特征：凶狠残暴、嗜杀成性

一技之长：好斗，威猛

虎鲸敢死队

有一次，麦克将军的舰队和敌人的舰队激烈交战。双方都在大海里布设了许多水雷，谁也无法攻破谁。

麦克将军很焦急，再拖下去，舰队的食品就要供应不上了。

正在这时，军营里发生了一件事：他们布设的水雷正巧挡住了一群虎鲸的去路，这群虎鲸竟气势汹汹地用庞大的身体去撞击水雷，引起水雷爆炸。虎鲸被炸死了许多，但它们还是不顾一切地朝水雷撞去……

麦克灵机一动，派士兵捕了一批虎鲸——他要专门训练它们去撞

击水雷……

这天夜晚，麦克率领着舰队和这支“虎鲸敢死队”，悄悄出发了。在接近敌军舰队的时候，麦克派出“虎鲸敢死队”，向敌军布设的水雷阵冲去。只听得轰隆轰隆，敌军的水雷纷纷爆炸。这时，麦克将军乘机指挥舰队向敌军猛冲，终于大获全胜。

狗的名片

姓名：小狗巴德

家庭住址：主人家的屋檐下

头衔：心理学家、高级看门官、特级驾驶员

一技之长：嗅觉能力特强

美德：对主人忠心耿耿

美中不足：喜欢讨好主人，拍主人的马屁

狗司机

威廉是个半盲人，许多事情都需要他的一只狗来帮忙，这只狗叫巴德。

巴德是一只很聪明的狗，它不仅学会了做许多事情，威廉开车时它还能帮着识别红绿灯。

有一天，巴德坐在威廉身旁，用各种姿势指挥着威廉启动、刹车和拐弯，车子开得摇摇晃晃，但十分平稳。警察以为司机是酒后驾驶，就把他们扣了下来。可是检查结果却让人惊异：威廉竟然滴酒未沾。威廉拍拍他的爱犬巴德，骄傲地说：“我有一流的狗司机帮忙，不会出差错的。”

警察不信，威廉便试验给他们看。只见威廉和他的狗司机巴德配合默契：红灯亮了，巴德用前爪做出示意，威廉立即停车；绿灯亮了，巴德又扬起前爪，威廉马上启动车辆，尽管车速不快，车子也开得摇摇晃晃，但一点也没有违反交通规则……

警察们笑着对威廉说：“嘿，您的狗司机还真不错！”

海豚的名片

姓名：海豚

家庭住址：海洋

头衔：表演艺术家、爱心大师、救死扶伤大使

外表特征：体态比较小，是小型的鲸类

一技之长：大脑特别发达，是最聪明的海洋动物

报恩的海豚

黑海东部有个疗养胜地。每天上午九点整，这里就会出现一头大海豚。它首先翘起尾巴向游人们致敬，然后就为人们表演各种滑稽的动作，还和青年人捉迷藏，或者让孩子们骑在它背上……

这是为什么呢？

一位水手告诉大家：原来这头海豚受过伤，被一艘渔船上的水手们救了起来。水手们细心地给海豚疗伤，每天拿出美味佳肴给海豚吃。等海豚的伤完全好了以后，水手们又把海豚放回了海里。从此，这头海豚就始终追随着这条渔船，想方设法报答它的救命恩人。当渔船来到这处疗养胜地后，这条海豚也就紧跟着来到了这儿……

“哦，海豚的义务表演，原来是为了报恩呀！”

你知道吗?

海豚为什么会救人呢？其实，海豚的这种美德来源于母爱。

海豚是用肺呼吸的动物，每过几分钟就得把头露出海面呼吸，否则就会淹死。因此，小海豚遇到意外了，海豚妈妈就用嘴把小海豚托起来，或用牙齿叼住小海豚，使它露出水面……

这种照料行为是海豚的本能。它最初的动机仅仅是救自己的孩子，但后来变成了一种习以为常的天性……

这就是海豚救人的道理。

猫头鹰的名片

姓名：猫头鹰

家庭住址：森林

头衔：捕鼠专家

一技之长：头能前后转动一圈，耳朵特别灵

美中不足：叫声非常可怕，能把人吓昏

猫头鹰电视迷

鲍尔家新买了一台电视机。

这天晚上，全家人正看着电视节目，突然飞来两只猫头鹰，并排站在窗台上，瞪着眼睛，直直地往屋里看。

“它们要干什么？难道是在看电视？”

鲍尔故意把电视机关掉，猫头鹰等了一会儿，终于飞走了。

“它们真是一对猫头鹰电视迷啊！”全家人兴奋地说。

从那天起，这对猫头鹰电视迷几乎每晚都会准时飞来，站在窗外看电视，直到看完最后一个电视节目，才悄然离去。

后来，它们干脆把自己的家也搬了过来，落脚在鲍尔家窗外的一棵芒果树上。这样，它们就不必再飞来飞去，可以在自己家里，舒舒服服地免费收看电视节目了！

大开眼界·比比谁的眼力强

猫头鹰的眼睛在夜里的感光能力比人的眼睛要强一百倍，所以在黑夜里能准确地捉住田鼠。

老鹰的视力也很厉害，是人的两倍，三公里外的小动物可以被老鹰看得一清二楚。

蜻蜓的大眼睛里，还有两万多只小眼睛呢！上半部的小眼睛用来看远的东西，下半部的小眼睛用来看近的东西，所以蜻蜓看东西非常清楚，速度也特别快！

白猫镇长的名片

姓名：白猫镇长

家庭住址：主人的家里

头衔：捕鼠专家

一技之长：胡子能测量鼠洞的大小，眼睛能夜视

美中不足：和狗是一对冤家

白猫镇长

美国的格菲镇要选一位镇长。

但是，镇上的居民怕烦，谁也不愿意当镇长。在选举候选人时，居民比蒂干脆把家里的一只白猫作为候选人报了上去。没想到，这只白猫倒是很愿意当镇长。

这只白猫在格菲镇已经住了十六年，可以说是德高望重、深得人心。经过居民们的一次次讨论，白猫终于光荣地当上了镇长。

白猫镇长上任后的第一件事就是发表就职演说，比蒂认真地为它当翻译。白猫说：“本镇长保证不把跳蚤传给居民，本镇长保证居民

家中没有老鼠……”

从此，白猫镇长每天都要洗两次澡，每天都要在镇上到处巡视，勤劳地捉老鼠……它工作得非常卖力，而且不贪污不受贿。

怪得很，白猫当了镇长后，镇上的居民家里真的不再有老鼠出现了。居民们高兴地说：“白猫镇长干得真不错！”

摔不伤的猫

猫的跳跃本领很高，它从高处落下来的时候，能使自己的身体保持平衡，而且它的长尾巴还能调节身体的平衡。所以，它从高处跳到地上，总是脚先着地，身体站得稳稳的，不会跌倒摔伤。

猫的脚底还有一层厚厚的肉垫，像穿了双又柔软又有弹性的鞋子。这双“鞋子”还能抗震，所以它跳上跳下一点儿声音也没有，当然也就不会摔伤了。

浣熊的名片

姓名：浣熊欢欢

家庭住址：北美洲的森林

头衔：动物罗宾汉、清洁大师

性格特征：喜欢独居，酷爱清洁

一技之长：聪明干净，爪子灵活，视觉出色

美中不足：爱撒娇，常常乱吃乱翻，随地大小便

“小强盗”抓小偷

浣熊欢欢几乎每天夜里都要光顾基克的家，偷吃主人冰箱里的美食。基克呢，倒也蛮喜欢这个淘气而可爱的“小强盗”，它爱吃什么就让它吃什么吧。有时，基克还故意在冰箱里准备了许多这个“小强盗”爱吃的食物呢！

一天夜里，浣熊又悄悄地拧开基克家的门锁，打开了冰箱，津津有味地大吃特吃起来。突然，门又开了，从门外闯进来一个黑影。浣熊仔细一看，只见那黑影在黑暗中翻箱倒柜地寻找着喜欢的东西……啊，是一个真正的小偷！

聪明的浣熊一声不响，它悄悄跑到门口先把门反锁了，然后又悄悄跑进主人基克的房间，把正在呼呼大睡的基克叫醒……

小偷终于被抓住了，基克笑着对镇上的人说：“是我家的‘小强盗’抓住了小偷！”

大象的名片

姓名：大象历历

家庭住址：非洲和亚洲南部的森林和草原

头衔：表演艺术家、大力士

称号：陆地上最大的动物

兴趣爱好：喜欢群居，喜欢早上和晚间行动，喜欢洗澡

一技之长：长鼻子非常厉害，还能干很多活儿

美中不足：是个“近视眼”，心胸不够开阔，报复心很强

大象求医

这个故事发生在赞比亚的一片森林里。

有一天，一头雄象突然跑到森林禁猎区管理处，发出阵阵大叫，但没能引起人们的注意。于是它又跑到公路上，拦住了汽车司机比利的汽车。

“你想干什么？”比利奇怪地问。

只见雄象用鼻子使劲地敲着车窗，然后回头看着远处的林子大叫，示意比利的汽车掉头跟它走。比利疑惑地开着汽车，跟在雄象身后。来到林子，比利看见林子里躺着一头被偷猎者打伤的母象，一头小象正焦急地在它母亲身边转悠。

哦，比利明白了，原来雄象是在向他求医呢！

比利连忙打开医药箱，为母象治伤，并拿出食物喂小象……

二十天后，雄象带着伤愈的母象和健壮的小象来到管理处，起劲地帮助人们干活。

比利笑着说："它们是报恩来了。"

大开眼界·大象补锅

点心师的铜蒸锅漏了，就叫自己驯养的大象把它拿到铜匠那里修理。大象驮着铜蒸锅找到铜匠，铜匠很快就把铜蒸锅修好了。点心师拿到修好的铜蒸锅用水一试，发现有几处裂缝漏水，便叫大象送去重修。

聪明的大象没有直接去找铜匠，而是先来到水井边，吸了水喷到铜蒸锅里。然后，大象来到铜匠处，把蒸锅高高举起，让水滴在铜匠的头上，似乎是说：铜匠师傅，你的手艺并不高明呀！

河狸的名片

姓名：河狸奇奇

家庭住址：森林边的河里

头衔：动物建筑师、土木工程师

性格爱好：懂得生活，爱卫生；能吃苦，爱劳动

一技之长：有一副利牙，善于伐木和挖洞

河狸的妙计

罗马动物园新建了一个河狸饲养场，从加拿大进口了八只可爱的河狸。

八只河狸一到罗马公园，就齐心协力在饲养场的石墙前筑起了一道土堤。谁都知道，筑堤可是河狸的拿手好戏。所以，饲养员马蒂斯并不在意，他微笑着说："啊，勤劳的河狸，你们难道连一天也舍不得休息吗？"

几天后，马蒂斯正在饲养场外面的草地上抽烟，突然发现身旁的一块草地出现了一个洞口，紧接着从里面钻出来一只探头探脑的河狸。马蒂斯大吃一惊，这不是那八只河狸中的一只吗？马蒂斯跑

进饲养场一看，原来河狸筑堤是借土堤的掩护，好躲在土堤下偷偷挖地道逃跑呀！要不是及时发现，那八只河狸也许早已逃出砖墙，不知去向！

马蒂斯连忙堵死已经挖通的地道，拆除了土堤。但他很担心，这些狡猾的河狸不知还会使出什么样的妙计……

红狐的名片

姓名：红狐

家庭地址：森林、草原、山谷

头衔：动物界的“诸葛亮”、智谋高手

一技之长：计谋多端，聪明绝顶，捕猎绝招多

美中不足：个头和力气都比较小

复仇的红狐

一个冬天，广西南丹县有个猎人打到了一只红狐。他烧了满满一大锅红狐肉，分给村里的人们享用，然后将红狐皮用竹竿撑开，晾在院子里。

然而没过多久，两个女孩惊慌失措地从村口逃回来：“不好了！狐狸来了！”

几个猎人笑着说：“狐狸有什么可怕的？我们正想多打几只呢！”

刚刚吃过红狐肉的乡亲们，也都兴致勃勃地跟着猎人走出家门。但等大家走到村口，一个个都吓呆了：只见村口火红一片，几百只红狐团团围住了村庄，它们个个愤怒地望着那张高悬在竹竿上的火红的

狐皮，好像是一支复仇的队伍在向杀死红狐的人们宣战。

村民们吓得胆战心惊，连狗也躲进了屋里。一个老猎人想起了狐狸报复人类的故事，连忙取下那张高悬着的红狐皮，奋力扔到红狐群里。红狐这才停止了进攻，只见它们围拢来低头向狐皮致哀，然后凄厉地尖叫一声，叼起那张狐皮，离去了……

人们至今也没弄明白，红狐群为什么要收回那张狐皮……

海豹的名片

姓名：海豹小胡佛

家庭地址：大海

性格：温顺、活泼

一技之长：很能吃，也很耐饥

会说话的海豹

爱丽丝把小海豹从海滩上捡回来的时候，小海豹还很小很小，只是一个小肉球。但经过爱丽丝的精心照料，现在小海豹已经长得像澡盆那样大了，而且有了自己的名字，叫小胡佛。调皮的小海豹跟爱丽丝非常亲热，常常和爱丽丝玩儿捉迷藏！

有一天，爱丽丝下班回家，发现小海豹故意躲在草丛里一动也不动。爱丽丝就笑着喊："喂，从那个地方出来吧！"

一连好几个星期，小海豹都故意躲在草丛里，爱丽丝都这么喊它出来。终于有一天，小海豹竟也会用同样的声音喊爱丽丝了："喂，从那个地方出来吧！"爱丽丝惊呆了：啊，小海豹会说话了！

蜥蜴的名片

姓名：蜥蜴乖乖

家庭住址：山区，塘边和潮湿的森林里

头衔：断尾大王、变色研究员

一技之长：善于游泳，也会爬树；舌头很长很长，猎食非常方便；遇到敌害会自断尾巴，迅速逃走，过不了多久，又会长出新的尾巴来；尾巴很厉害，像一条包着橡胶的钢丝鞭子

奇怪的电话

一天，德国一家医院有位医生接到了一个奇怪的呼救电话。电话里听不到人的呼救，却听到有人在痛苦地呻吟、喘气。

医生连忙派出救护车，追踪到了打呼救电话的那户人家。原来那家主人雷伊突发急病，倒在地板上，有生命危险。就在这时，雷伊的宠物——一只大蜥蜴，突然一下子跳上写字台，碰落了电话机话筒，然后用脚按了急救号码。

医生救了雷伊的性命，对他说："真是不可思议！你家的大蜥蜴竟能用脚按急救号码，这是一种巧合吗？"

"不！"雷伊感激地摸摸大蜥蜴的头颈，说，"我们常常在一起散步、玩耍，甚至连我读书打电话时，大蜥蜴也会陪伴左右。我相信，大蜥蜴一定知道我出事了，它懂得应该打呼救电话来抢救它的主人……"

鸵鸟的名片

姓名：鸵鸟丹丹

家庭住址：非洲

性格：性情温顺

头衔：高级邮差、鸟蛋大王

兴趣爱好：喜欢成群结队，喜欢吃草叶、种子、野果和昆虫，喜欢洗澡，喜欢居住在干燥的地方

一技之长：双腿强壮，健步如飞，一小时能跑六十多公里；非常耐饥渴，几天不喝水，也能在沙漠里奔跑

鸵鸟“邮递员”

丹丹是只聪明的鸵鸟。乔治训练它衔鞋子、捡火柴、驮货物，它都干得很出色。

有一天，乔治带着它到镇上采购货物，但是到了镇上他才发觉忘了带足够的钱。乔治很为难：让妻子送钱来吧，家里没电话；回去取

钱吧，路途足有三十里地呢！

正在这时，鸵鸟丹丹突然围着乔治跳起舞来，眼睛呢，看着乔治，嘴里还“呜呜呜呜”叫个不停。乔治明白了：“亲爱的丹丹，你是想帮我送信到家里，是吗？”

“呜呜！呜呜！”鸵鸟丹丹使劲点着头。

“好啊，那就试试吧！”

乔治马上给妻子写了封信，把信包在一个口袋里，挂在鸵鸟丹丹的脖子上。鸵鸟丹丹撒开腿就飞跑起来……

不一会儿，鸵鸟丹丹果然把信送到了乔治家里。当妻子带着钱，跟着鸵鸟丹丹来到乔治面前的时候，乔治笑得嘴巴都合不拢了：“哈哈，我的丹丹又当上邮递员啦！”

野驴的名片

姓名：野驴跑跑

家庭住址：非洲和亚洲的半荒漠地带

头衔：喊叫冠军、奔跑冠军

一技之长：有快速奔跑的能力，忍耐力极强，
不怕风沙雨雪，不怕严寒酷暑

与汽车赛跑的家伙

有一天，司机阿克苏正开着一辆汽车在草原上行驶，突然看到车后出现了一群野驴。那群野驴不顾一切地跟在汽车后面，一路上不断有野驴加入进来，就像千军万马在冲锋。

它们想干什么呢？阿克苏有点紧张，加快了车速想摆脱这些家伙。但野驴们可不甘心，它们排着整齐的队伍，跑得更快了。当它们终于全部跑到汽车前面的时候，便停下来回头张望，一个个得意扬扬地昂着头，好像在说："怎么样？还是我们跑得快吧？"

哦，原来这些好胜的野驴是在跟汽车赛跑呀！阿克苏来劲了，他存心要跟这些家伙比试比试，就把油门一踩，车速达到了最快。

野驴们又来劲了，再次组织队伍奔跑起来。沿途的牦牛、羚羊觉得很有趣，也傻里傻气地跟在驴群后面吃力地跑着。这支队伍足有五百多只动物，像奔跑着的长长的仪仗队，直到把汽车护送到目的地……

剑鱼的名片

姓名：剑鱼

家庭住址：大海

头衔：游泳冠军、海中剑侠

兴趣爱好：喜欢攻击鲸鱼，常常把船只也当作鲸类来攻击

一技之长：剑鱼的刺就像一把剑，非常锋利，鲸鱼也怕它；它的身体虽然很大，但动作非常敏捷

美中不足：它用刺攻击的时候，往往那根像剑一样的刺，也拔不出来了

送到嘴边的剑鱼

史蒂文在海上遇难后，是靠着一只救生筏维持生命的。

然而五天后，救生筏上的食物已经吃完，史蒂文面临着饿死的危险。

就在这时，史蒂文发现有一群剑鱼悄悄地跟在救生筏后面。他暗

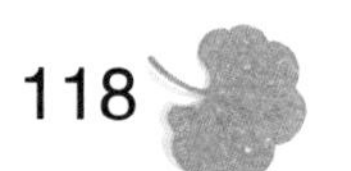

暗高兴，连忙用投标枪射到了一条剑鱼。这天晚上，他享受了一餐可口的海鲜。

第二天，史蒂文发现那群剑鱼仍旧跟在救生筏后面，而且越游越近，有几条还在救生筏旁边跳跃，好像在说："射我吧，快射我！"在史蒂文身体最虚弱的时候，一条剑鱼甚至游到他跟前，让肚皮露在水面，史蒂文可以很容易地杀死剑鱼……

史蒂文感动极了，他想：剑鱼是在救我呢！

就这样，史蒂文在海上整整漂泊了七十六天，靠着送到嘴边的剑鱼，终于活了下来。

蝴蝶的名片

姓名：蝴蝶

家庭住址：花丛

头衔：舞蹈家、服装模特、最美丽的昆虫

一技之长：善于打扮花园，使花园变得格外美丽；
善于传播花粉，在下小雨时也能飞行

美中不足：虽然美丽，但却是个讨厌的家伙，蝴蝶
宝宝会吃掉菜叶，吸果树的汁

蝴蝶杀手

八十年前，曾发生过一个非常离奇的故事：一艘德国轮船莫名其妙地在波斯湾消失了！

究竟是怎么回事呢？是遇到了海盗，还是发生了其他状况？警方没有得到任何消息。

过了很久，一位幸存者才揭开了这个谜——

那天，这艘轮船在波斯湾航行。突然，一群美丽的蝴蝶飞到甲板上，翩翩起舞。眨眼工夫，又有一群蝴蝶飞到甲板上，翩翩起舞……

“哈，你们是来陪伴我们的吧？”

寂寞的船员们兴奋得个个跑到甲板上，与蝴蝶共舞。

意想不到的事就这么悄悄发生了：美丽的蝴蝶竟然越来越多，没多久，数千万只蝴蝶就停满了轮船，数千万只蝴蝶绕船飞行。船员们这才发现情形不妙，他们仿佛被卷入了蝴蝶旋涡。舵手因为看不清方向而偏离了航道，全船一片混乱。船长连忙命令船员开枪开炮，但还是无法驱散密密麻麻的蝴蝶……

人们做梦也没有想到，使这艘万吨巨轮触礁沉没的杀手竟然就是这些美丽的蝴蝶！

黑熊的名片

姓名：黑熊瞎瞎

家庭地址：森林里的树洞或岩洞

头衔：音乐家、表演艺术家、美食家、大力士

一技之长：爬树、游泳、抓鱼、耳鼻灵敏

美中不足：喜欢偷蜂蜜，吃得太多，视力也很差

“森林音乐家”

这个“森林音乐家”就是黑熊瞎瞎。

黑熊瞎瞎为什么会变成音乐家呢？故事还得从老猎人鲁鲁和宾宾讲起——

一天，鲁鲁和宾宾在山里打猎，突然听到从云杉林里传来一种像音乐一样奇特的声音。

他俩悄悄跑过去，只见一头大黑熊正在使劲把一根又粗又结实的树杈扳弯，插进树桩的裂缝里。然后，它就拽着树杈慢慢后退，退着退着突然把爪子一松，树杈响着弹回去，纷纷断裂的细树杈就发出了音乐般的声音……大黑熊把头一歪，侧耳听着，当音乐停下来后，它

便发出心满意足的欢呼，然后开心地跳起舞来。

它就是黑熊瞎瞎。黑熊瞎瞎一次又一次津津有味地重复着这种有趣的演奏……

鲁鲁举起了猎枪，瞄准了黑熊瞎瞎的脑袋。但是宾宾制止了他：“让它活着，让它摆弄自己的乐器，为生活创造美好吧！”

黑熊瞎瞎就这么变成了一个“森林音乐家”。它至今也不知道，它的这个音乐才能，竟使自己保全了性命。

鲨鱼的名片

姓名：鲨鱼皮皮

绰号：厚皮冠军

家庭住址：大海

头衔：海上大王、嗅觉大王

一技之长：嗅觉特别灵敏，牙齿特别锋利

英雄鲨鱼

有一天，一艘万吨巨轮在马六甲海峡触礁了。

情况非常危急，眼看海水顺着轮船的破洞，“哗哗”地涌进船舱。渐渐地，船体开始倾斜下沉。船员们吓坏了，都准备弃船跳海。突然，船长发现海水不再涌进舱内，倾斜的船身又渐渐恢复了正常……大家非常兴奋，马上收拾了一阵，将船顺利开到了香港。这是怎么回事呢？

几天后，船被拉上岸整修，人们发现船尾有个大洞，洞口躺着奄奄一息的大鲨鱼皮皮。原来轮船洞口的亮光吸引了许多游鱼，贪婪的皮皮在捕食这些游鱼的时候，不小心冲进洞中，正好堵塞了洞口……

人们感谢救了一艘万吨巨轮的鲨鱼皮皮，称它为“英雄鲨鱼”！